U0706537

元·司農司 撰

農桑輯要

中國書店

詳校官原任侍講臣王燕緒

臣紀昀覆勘

農桑輯要原序

聖天子臨御天下欲使斯民生業富樂而永無饑寒之憂詔立大司農司不治他事而專以勸課農桑為務行之五六年功效大著民間墾闢種藝之業增前數倍農司諸公又慮夫田里之人雖能勤身從事而播殖之宜蠶繅之節或未得其術則力勞而功寡獲約而不豐矣於是徧求古今所有農家之書披閱參考删其繁重摭其切要纂成一書目曰農桑輯要凡七卷鏤為版本進

星畢將以頒布天下屬予題其卷首予嘗讀豳詩知周家所以成八百年興王之業者皆由稼穡艱難積累以致之讀孟子書見其論說王道丁寧反覆皆不出乎夫耕婦蠶五雞二彘無失其時老者衣帛食肉黎民不饑不寒數十字而已大哉農桑之業真斯民衣食之源有國者富強之本王者所以興教化厚風俗敦孝悌崇禮讓致太平躋斯民於仁壽未有不權輿於此者矣然則是書之出其利益天下豈可一二言之哉施於家則陶

朱猗頓之寶術也用於國則周成康漢文景之令軌也又何待夫序引贊揚而後知其可重哉至元癸酉歲季秋中旬日翰林學士王磐題

欽定四庫全書　子部四

農桑輯要目錄　農家類

卷三

卷四

養蠶

葱　韭

胡荽　菠薐

萵苣　同蒿

人莧　藍菜

莙薘　蘭香附香菜

荏蓼　芹蒙

甘露子　豆豉

麩豉

果實

卷六

卷七

孳畜

牛 附水牛　　羊

豬　　養雞

鵝鴨　　魚

蜜蜂　　歲用雜事

臣等謹案農桑輯要七卷元世祖時官撰頒行本也前有至元十年翰林學士王磐序稱詔立大司農司不治他事專以勸課農桑為務行之五六年功效大著農司諸公又慮夫

播植之宜蠶繅之節未得其術於是徧求古

今農家之書删其繁重摭其切要纂成一書

鏤爲板本進呈將以頒布天下云云案元史

司農司設於至元七年分布勸農官巡行郡

邑察舉農事成否達於户部又稱世祖即位

之初首詔天下崇本抑末於是頒農桑輯要

之書於民均與王磐所言合惟至元七年至

十年不足五六年之數磐葢據建議設官之

原約略言之耳書凡分典訓耕墾播種栽桑養蠶瓜菜果實竹木藥草孳畜十門大致以齊民要術為藍本芟除其浮文瑣事而雜採他書以附益之詳而不蕪簡而有要於農家之中最為善本當時著為功令亦非漫然矣

乾隆四十九年三月恭校上

總纂官臣紀昀臣陸錫熊臣孫士毅

總校官臣陸費墀

欽定四庫全書

農桑輯要卷一

元　司農司　撰

典訓

農功起本

周書曰神農之時天雨粟神農遂耕而種之　白虎通古之人民皆食禽獸肉至於神農因天之時分地之利制耒耜教民農作神而化之使民宜之故謂之神農

典語神農嘗草別穀烝民乃粒食　世本倕作耒耜倕神農之臣也　周本紀棄為兒時其遊戲好種樹麻菽及為成人遂好耕農相地之宜宜穀者稼穡焉民皆法則之堯舉為農師　漢食貨志后稷始甽田以二耜為耦顏師古曰甽壟也音工犬反或作畎　藝文志農九家百一十四篇案原本作百四十一篇今據漢書校改農家者流蓋出農稷之官播百穀勸耕桑以足衣食

蠶事起本

漢食貨志嘉穀布帛二者生民之本興自神農之世

易繫辭神農氏沒黃帝堯舜氏作通其變使民不倦垂衣裳而天下治蓋取諸乾坤孔穎達曰黃帝已上衣鳥獸之皮其後人多獸少事或窮乏故以絲麻布帛而制衣裳使民得宜也

通典周制享先蠶先蠶天駟也蠶與馬同氣漢制祭蠶神曰菀窳婦人寓氏公主北齊先蠶祠黃帝軒轅氏如先農禮後周祭先蠶西陵氏

經史法言

書洪範八政一曰食二曰貨孔穎達曰教民使勤農業求資用也人不食則死食

於人最急故穀為先有食又須衣故貨為二食則勤農以求之衣則蠶績以求之無逸周公曰嗚呼君子所其無逸先知稼穡之艱難乃逸則知小人之依孔安國曰稼穡農夫之艱難事先知之乃謀逸豫則知小人之所依怙禮記王制國無九年之蓄曰不足無六年之蓄曰急無三年之蓄曰國非其國也三年耕必有一年之食九年耕必有三年之食以三十年之通雖有凶旱水溢民無菜色孝經庶人章用天之道邢昺曰春則耕種夏則芸苗秋則穫刈冬則入廩分地之利邢昺曰分别五土之高下隨所宜而播種之謹身節用以養父母此庶

人之孝也　史記太史公曰居之一歲種之以穀十歲樹之以木百歲來之以德德者人物之謂也今有無秩祿之奉爵邑之入而樂與之比者命曰素封故曰陸地牧馬二百蹄司馬貞曰馬有四足二百蹄五十匹也牛蹄角千顏師古曰百六十七頭牛為蹄與角凡一千二言千者舉成數也孟康曰馬貴而牛賤以此為率千足羊韋昭曰二百五十頭澤中千足彘水居千石魚陂徐廣曰魚以斤兩為計百二十斤為石顏師古曰大陂養魚一歲收千石魚山居千章之材服虔曰章方也顏師古曰大材曰章安邑千樹棗燕秦千樹栗蜀漢江陵千樹橘淮北常山已南

河濟之閒千樹萩顔師古曰萩即楸字樂彦曰梓木也可以為轅者陳夏千畝漆顔師古曰陳縣夏縣種漆樹而取其汁齊魯千畝桑麻渭川千畝竹及名國萬家之城帶郭千畝畝鍾之田徐廣曰六斛四斗也若千畝卮茜徐廣曰卮音支鮮支也茜音倩一名紅藍其花染繒赤黃也千畦薑韭徐廣曰千畦二十五畝韋昭曰畦猶壟也此其人皆與千户侯等然是富給之資也不窺市井不行異邑坐而待收身有處士之義而取給焉豈非所謂素封者耶案史記作豈所謂素封者耶非也此節取之非原文

漢食貨志周制種穀必雜五種以備災害顔師古曰種即五穀謂黍稷麻

麥豆也還廬樹桑顏師古曰還繞也菜茹有畦瓜瓠果蓏殖於疆場鷄豚狗彘毋失其時女修蠶織則五十可以衣帛七十可以食肉入者必待薪樵輕重相分斑白不提挈冬民既入婦人同巷相從夜績女工一月得四十五日服虔曰一月之中又得夜半為十五日凡四十五日也必相從者所以省費燎火同巧拙而合習俗也顏師古曰燎所以為明火所以為溫燎力召反

管子民無所游食則必農民事農則田墾田墾則粟多粟多則國富

齊民要術後魏高陽太守賈思勰撰傳曰人生在勤勤則不匱

古語曰力能勝貧謹能勝禍蓋言勤力可以不貧謹身可以避禍庸人之性率之則自力縱之則惰窳耳稼穡不修桑果不茂畜産不肥鞭之可也柂落不完垣牆不牢掃除不盡笞之可也此督課之方也且天子親耕皇后親蠶況夫田父而懷惰窳乎

先賢務農

孟子后稷教民稼穡樹藝五穀五穀熟而民人育　氾勝之書（氾扶嚴反水名又姓出燉煌濟北二望本姓凡氏避地於氾水因改焉）湯有旱災

伊尹作爲區田教民糞種負水澆稼　史記管仲相齊與俗同好惡其稱曰倉廩實而知禮節衣食足而知榮辱猗頓魯窮士聞陶朱公富問術焉告之曰欲速富畜五牸乃畜牛羊子息萬計貲擬王公案魯窮士以下採貨殖列傳猗頓用鹽鹽起注中所引孔叢子語非史記本文

莊子長梧封人曰昔予爲禾耕而鹵莽之則其實亦鹵莽而報予芸而滅裂之則其實亦滅裂而報予予來年變齊注變更也變更所法也齊同也深其耕而熟耰之其禾繁以滋予終年厭飧

漢食貨志李悝爲

魏文侯作盡地力之教顏師古曰李悝文侯臣也悝音恢以為地方百里提封九萬頃除山澤邑居參分去一為田六百萬畮治田勤謹則畮益三升服虔曰與之三升也臣瓚曰當言三斗謂治田勤則畮加三斗也師古曰計數而言字當為斗瓚說是也不勤則損亦如之地方百里之增減輒為粟百八十萬石矣又曰糴甚貴傷民韋昭曰此民謂士工商也甚賤傷農民傷則離散農傷則國貧故甚貴與甚賤其傷一也漢文帝時賈誼說上曰管子曰倉廩實而知禮節民不足而可治者自古及今未之嘗聞漢之為漢

幾四十年矣公私之積猶可哀痛世之有饑穰天之行
也禹湯被之矣即不幸有方二三千里之旱國胡以相
恤卒然邊境有急數十百萬之衆國胡以餽之夫積貯
者天下之大命也苟粟多而財有餘何為而不成以攻
則取以守則固以戰則勝懷敵附遠何招而不至今敺
民而歸之農使天下各食其力末技游食之人轉而緣
南畝則蓄積足而人樂其所矣　前漢宣曲任氏之先
為督道倉吏秦之敗也豪傑皆争取金玉而任氏獨窖

倉粟楚漢相距滎陽也民不得耕種米石至萬而豪傑金玉盡歸任氏任氏以此起富富人爭奢侈而任氏折節為儉力田畜人爭取賤賈任氏獨取貴善富者數世然任公家約非田畜所生不衣食公事不畢則身不得飲酒食肉以此為閭里率故富而主上重之案此採史記貨殖傳與漢書字句稍異

黄霸為潁川太守使郵亭鄉官皆畜雞豚以贍鰥寡貧窮者為條教班行之於民閒勸以為善防姦之意及務耕桑節用殖財種樹畜養去食穀馬米鹽

靡密顏師古曰雜而且細初若煩碎然霸精力能推行之治為天下第一
龔遂為渤海太守躬率以儉約勸民務農桑令口種一樹榆百本䪥五十本葱一畦韭家二母彘五鷄民有帶持刀劍者使賣劍買牛賣刀買犢曰何為帶牛佩犢春夏不得不趣田畝秋冬課收斂益蓄果實菱芡吏民皆富實
何武為揚州刺史行部必問墾田頃畝五穀美惡
召信臣為南陽太守好為民興利務在富之躬勸耕農出入阡陌止舍離鄉亭稀有安居時行

視郡中水泉開通溝瀆起水門提閼凡數十處以廣溉灌歲歲增加多至三萬頃民得其利蓄積有餘信臣為民作均水約束刻石立於田畔以防分争禁止嫁娶送終奢靡務出於儉約郡中莫不耕稼力田吏民親愛信臣號曰召父

後漢王丹家累千金好施與周人之急每歲時農收後察其強力收多者輒歷載酒肴從而勞之便於田頭樹下飲食勸勉之因留其餘肴而去其惰懶者獨不見勞各自恥不能致丹其後無不力田者聚

落以致殷富　杜詩為南陽太守省愛民役廣拓土田郡内比室殷足為之語曰前有召父後有杜母　任延為九真太守俗以射獵為業不知牛耕每致困乏延乃令鑄作田器教之墾闢歲歲開廣百姓充給　范充為桂陽令俗不種桑無蠶織絲麻之利類皆以麻枲頭貯衣民惰窳少麤履足多剖裂血出盛冬皆然火燎炙充教民益種桑柘養蠶織履復令種苧麻數年之間大賴其利衣履温暖令江南知桑蠶織履皆充之教也　張

堪拜漁陽太守開稻田八千餘頃勸民耕種以致殷富百姓歌曰桑無附枝麥穗兩岐張君為政樂不可支

樊重字君雲後漢書樊宏傳宏世祖之舅封壽張侯父重追爵謚為壽張敬侯世善農稼好貨殖重性溫厚有法度三世共財子孫朝夕禮敬常若公家其營理產業物無所棄課役童隸各得其宜故能上下勠力財利歲倍至乃開廣田土三百餘頃其所起廬舍皆有重堂高閣陂渠灌注又池魚牧畜有求必給嘗欲作器物先種梓漆時人嗤之然積以歲月皆

得其用向之笑者咸求假焉貲至巨萬而賑贍宗族恩加鄉閭外孫何氏兄弟爭財重恥之以田二頃解其忿訟縣中稱美其素所假貸人間數百萬遺令焚削文契責家聞者皆慚爭往償之常戒其子曰案後漢書本句上有宏為人謙柔畏慎不求苟進二句是君雲之子宏戒其子之言此作君雲戒其子有脫誤富貴盈溢未有能終者吾非不喜榮勢也天道惡滿而好謙前世貴戚皆明戒也保身全己豈不樂哉　王景為廬江太守百姓不知牛耕致地力有餘而食常不足景乃教用犂耕

墾闢倍多境內豐給又訓令蠶織為作法制著於鄉亭

王符曰一夫不耕天下受其饑一婦不織天下受其寒今舉俗舍本農趨商賈牛馬車輿填塞道路游手為巧充盈都邑是則一夫耕百人食之一婦桑百人衣之以一奉百孰能供之　崔寔為五原太守土宜麻枲而俗不知織績民冬月無衣積細草而臥其中見吏則衣草而出寔為作紡績織紝具以教之民得以免寒苦

劉陶曰民可百年無貨不可一朝有饑故食為至急也

仇覽為蒲亭長勸人生業為制科令至於果菜為限
雞豕有數農事既畢乃令子弟羣居就學其剽輕游恣
者皆役以田桑嚴設科罰躬助喪事賑恤窮寡期年稱
大化　杜畿為河東勸耕桑課民畜牸牛草馬下逮雞
豚皆有章程家家豐實然後興學校舉孝悌河東遂安
童恢除不其令若吏稱其職人行善事皆賜酒肴以
勸勵之耕織種收皆有條章一境清淨　齊民要術皇
甫隆為燉煌燉煌俗不曉作耬犁及種人牛功力既費

而收穀更少隆乃教作耬犁所省傭力過半得穀加五又燉煌俗婦女作裙攣縮如羊腸用布一匹隆又禁改之所省復不貲　僮种為不其令率民養一豬雌雞四頭以供祭祀死買棺木（案僮种即童恢見後漢書注前吏稱其職一條採之本傳此條採之齊民要術序以一人而兩載其事）　顏裴為京兆乃令整阡陌樹桑果又課以閒月取材使得轉相教匠作車又課民無牛者令畜豬投貴時賣以買牛始者民以為煩一二年間家有丁車大牛整頓豐足　譙子曰朝發而夕異宿勤

則菜盈傾筐且苟無羽毛不織不衣不能茹草飲水不耕不食安可以不自力哉　李衡於武陵龍陽洲上作宅種甘橘千樹敕兒曰吾州里有千頭木奴不責汝衣食歲上一匹絹亦可足用矣橘成歲得絹數千匹　仲長子曰天為之時而我不農穀亦不可得而取之青春至焉時雨降焉始之耕田終之簠簋惰者釜之勤者鍾之時及不為而尚得食也哉　魏陳思王曰寒者不貪尺玉而思裋褐饑者不願千金而美一食　晉桓宣鎮

襄陽勸課農桑或載鋤耒於軺軒或親耘穫於隴畝
北魏辛纂拜河南刺史督勸農桑親自檢視勤者賚以
物帛惰者加以罪　唐張全義為河南尹經黃巢之亂
繼以秦宗權孫儒殘暴居民不滿百户四野俱無耕者
全義招懷流散勸之樹藝數年之後都城坊曲漸復舊
制諸縣户口率皆歸復桑麻蔚然野無曠土全義明察
人不能欺而為政寬簡出見田疇美者輙下馬與僚佐
共觀之召田主勞以酒食有蠶麥善收者或親至其家

悉呼出老幼賜以茶綵衣物民間言張公不喜聲伎見之未嘗笑獨見佳麥良繭則笑耳有田荒穢者則集衆杖之或訴以乏人牛乃召其鄰里責之曰彼誠乏人牛何不助之衆皆謝乃釋之由是鄰里有無相助故比户皆有蓄積凶年不饑遂成富庶焉　李襲譽嘗謂子孫曰吾貫京有田十頃能耕之足以食河内千樹桑事之可以衣能勤此無資於人矣

耕墾

耕地

齊民要術春耕尋手勞郎到反古曰耰今曰勞說文曰耰摩田器今人亦名勞曰摩秋耕待白背勞秋既多風若不尋勞地必虛燥秋田塌實濕勞令地硬諺曰耕而不勞不如作暴蓋言澤難遇喜天時故也桓寬鹽鐵論曰茂木之下無豐草大塊之間無美苗塌直輒反田實也暴音曝耗也凡秋耕欲深春夏欲淺犂欲廉勞欲再犂廉耕細牛復不疲再勞地熟旱亦保澤也秋耕䅖青者為上掩同比至冬月青草復生者其美與小豆同初耕欲深轉地欲淺耕不深地不熟轉不淺動生土也菅茅之地宜縱牛羊踐之踐則根浮七月耕之則死非七月復生矣凡美田之法菉豆

為上小豆胡麻次之悉皆五六月中穊羙懿反漫種矣種七月八月犂稴殺之為春穀田則畝收十石一石大約今二斗七升十石今二石七斗有餘也後齊民要術中石斗倣此其美與蠶矢熟糞同氾勝之書曰凡耕之本在於趣時和土務糞澤早鋤早穫春凍解地氣始通土一和解夏至天氣始暑陰氣始盛土復解夏至後九日案氾勝之書作夏至後九十日晝夜分天地氣和以此時耕田一而當五名曰膏澤皆得時功春地氣通可耕堅硬強地黑壚土輒平摩其塊以生草草生復耕之天

有小雨復耕和之勿令有塊以待時所謂强土而弱之
春候地氣始通土塊散陳根可拔此時二十日以後和
氣去即土剛以此時耕一而當四和氣去耕四不當一
杏始華榮輒耕輕土弱土望杏花落復耕耕輒勞之草
生有雨澤耕種勞之土甚輕者以牛羊踐之如此則土
强此謂弱土而强之也　雜說凡人家營田須量已力
寧可少好不可多惡凡地有薄者即須加糞糞之其踏
糞法秋收治田後場上所有穀穰等並須收貯一處每

日布牛腳下三寸厚（古一尺大約今一尺三寸有餘後齊民要術尺寸倣此）每平旦收聚堆積之還依前布之經宿即堆聚至十二月正月之間即載糞糞地（案齊民要術有雜說四條此節採第一條之說）種蒔直說古農法犁一擺六令人只知犁深為功不知擺細為全功擺功不到土麤不實下種後雖見苗立根在麤土根土不相著不耐旱有懸死蟲咬乾死諸等病擺功到土細又實立根在細實土中又碾過根土相著自耐旱不生諸病　韓氏直說為農大綱一則牛欺地二則人

欺苗牛欺地則所種不失其時人欺苗則省力易辦反是則徒勞無益矣凡地除種麥外並宜秋耕先以鐵齒擺縱橫擺之然後插犂細耕隨耕隨撈至地大白背時更擺兩徧至來春地氣透時待日高復擺四五徧其地爽潤上有油土四指許春雖無雨時至便可下種秋耕之地荒草自少極省鋤工如牛力不及不能盡秋耕者除種粟地外其餘黍豆等地春耕亦可大抵秋耕宜早春耕宜遲秋耕宜早者乘天氣未寒將陽和之氣掩在

地中其苗易榮過秋天氣寒冷有霜時必待日高方可耕地恐掩寒氣在内令地薄不收子粒春耕宜遲者亦待春氣和暖日高時依前耕擺

代田

漢食貨志趙過為搜粟都尉過能為代田一畮三甽歲代處故曰代田（師古曰代易也）古法也后稷始甽田以二耜為耦廣尺深尺曰甽長終畮一畮三甽一夫三百甽而播種於甽中（師古曰種謂穀子也）苗生葉以上稍耨壠草（師古曰耨鋤也）因

隤其土以附苗根（師古曰隤謂下之也音頽）比盛暑壟盡而根深能風與旱（師古曰能讀曰耐）其耕耘下種田器皆有便巧率十二夫為田一井一屋故晦五頃（鄧展曰九夫為井三夫為屋夫百晦於古為十二頃古百步為晦漢時二百四十步為畝古千二百晦則得今五頃）用耦犂二牛三人一歲之收常過縵田晦一斛以上（師古曰縵田謂不為甽者也縵莫幹反）善者倍之（師古曰善為甽者又過縵田二斛已上也）過使教田太常三輔（蘇林曰太常主諸陵有民故亦課田種）大農置工巧奴與從事為作田器二千石遣令長三老力田及里父老善田者受田器學耕種養

苗狀蘇林曰為法意狀也民或苦少牛亡以趨澤師古曰趨讀曰趣趣及也澤雨
之潤澤也故平都令光教過以人輓犂師古曰輓引也音晚過奏光以
為丞教民相與庸輓犂師古曰庸功也言換功共作也義亦與庸賃同率多人
者田日三十畝少者十三畝以故田多墾闢是後民皆
便代田用力少而得穀多　崔寔曰趙過教民耕殖其
法三犂共一牛一人將之下種挽耬皆取備焉日種一
頃據齊地大畝一頃為三十五畝也至今三輔猶賴其利今遼東耕犁
轅長四尺迴轉相妨既用兩牛兩人牽之一人將耕一

人下種二人挽耬凡用兩牛六人一日纔種二十五畝其懸絶如此三犂共一牛若今三腳耬矣今自濟州已西猶用長轅犂兩腳耬長轅耕平地尚可於山澗之閒則不任用且回轉至難費力未如齊人蔚犂之柔便也兩腳耬種壠概亦不如一腳耬之得中也

區田

齊民要術氾勝之書區種法曰湯有旱災伊尹作為區田教民糞種負水澆稼區田以糞氣為美非必須良田也諸山陵近邑高危傾阪及邱城上皆可為區田區田不耕旁地庶盡地力務本新書夫豐儉不常者天之

道也故君子貴於思患而豫防之湯有七年之旱伊尹製此法大概與今時種瓜相類區當於閒時旋旋掘下正月種春大麥二三月種山藥芋子三四五月種穀大小豇菉豆八月種二麥豌豆節次爲之亦不可貪多穀豆二麥各料百餘區山藥芋子各一十區通約收四五十石數口之家可以無饑矣壬辰戊戌之際但能區種三五畝者皆免飢殍

農桑輯要卷一

欽定四庫全書

農桑輯要卷二

元 司農司 撰

播種

收九穀種

黍稷秫稻麻大麥小麥大豆小豆

齊民要術凡五穀種子浥鬱則不生生者亦尋死種雜者禾則早晚不均舂復減而難熟糶賣以雜糅見呰炊爨失生熟之節所以特宜存意不可徒然粟黍穄粱秫

常歲別收選好穗純色者劁（才彫反）刈高懸之以擬明年種子將種前二十許日開出水淘（浮秕去則無莠）即曬令燥種之汜勝之書曰牽馬令就穀堆食數口以馬踐過為種無虸蚄等蟲也又種傷濕鬱熱則生蟲也又薄田不能糞者以原蠶矢雜禾種種之則禾不蟲又取馬骨剉一石以水三石煮之三沸漉去滓以汁漬附子五枚三四日去附子以汁和蠶矢羊矢各等分撓（呼老反 攪也）令洞洞如稠粥先種二十日時以溲（踈有反）種如麥飯狀當天

旱燥時溲之立乾薄布數撓令乾明日復溲天陰雨則
勿溲六七溲而止輒曝謹藏勿令復濕至可種時以餘
汁溲而種之則禾稼不蝗蟲無馬骨亦可用雪汁雪汁
者五穀之精也使稼耐旱常以冬藏雪汁器盛埋於地
中治種如此則收常倍取麥種候熟可穫擇穗大強者
斬束立場中之高燥處曝使極燥無令有白魚有輒揚
治之取乾艾雜藏之麥一石艾一把藏以瓦器竹器順
時種之則收常倍取禾種擇高大者斬一節下把懸高

燥處苗則不敗欲知歲所宜以布囊盛粟等諸物種平量之埋陰地冬至日窖埋冬至後五十日發取量之息最多者歲所宜也　崔寔曰平量五穀各一升小罌盛埋墻陰下餘法同上　師曠占術曰五木者五穀之先欲知五穀但視五木擇其木盛者來年多種之萬不一失也　雜陰陽書曰禾生於棗或楊大麥生於杏小麥生於桃稻生於柳或楊黍生於榆大豆生於槐小豆生於李麻生於楊或荊又凡種禾宜寅午申忌乙丑壬癸

秫忌寅晚禾忌丙大麥宜亥卯辰忌子丑戌巳小麥忌與大麥同稻宜戌巳四季日忌寅卯辰甲乙黍宜巳酉戌忌寅卯丙午穄忌未寅大豆宜申子壬忌卯午丙子甲乙小豆忌與大豆同麻忌四季日戌巳凡五穀大判宜上旬次中旬　史記曰陰陽之家拘而多忌止可知其梗概不可委曲從之諺曰以時其澤為上策也

種穀

齊民要術凡穀成熟有早晚苗稈有高下收實有多少

質性有強弱米味有美惡粒實有息耗早熟者苗短而收多晚熟者苗
長而收少強苗者短黃穀之屬是也弱苗者長青白黑者是也收少者美而耗收多者惡而息也地勢
有良薄良田宜種晚薄田宜種早良田非獨宜晚早亦無害薄地宜早晚必不成實也崔寔曰美田欲
稠薄田欲稀山澤有異宜山田種強苗以避風霜澤田種弱苗以求華實也順天時
量地利則用力少而成功多任情返道勞而無獲凡穀
田菉豆小豆底為上麻黍胡麻次之蕪菁大豆為下常見
瓜底不減菉豆本既不論聊復記之凡春種欲深夏種欲淺凡種穀雨後
為佳遇小雨宜接濕種遇大雨待薉音穢生小雨不接濕無以生禾苗

大雨不待白背濕轆則令苗瘦薉若盛者先鋤一徧然後納種乃佳也春若遇旱秋耕之地得仰壟待雨春耕者不中也夏若仰壟匪直盪汰不生兼與草薉俱出凡田欲早晚相雜歲道有所宜有閏之歲節氣近後宜晚田然大率欲早早田倍多於晚早田淨而易治晚者蕪穢難治其收之多少從歲所宜非關早晚然早穀皮薄米實而多晚穀皮厚米虛而少也苗生如馬耳則鏃初角反鋤諺曰欲得穀馬耳鏃稀豁之處鋤而補之凡五穀唯小鋤之為良小鋤者非直省功穀亦倍勝大鋤者草根繁茂用功多而收益少苗出壟則深鋤鋤不厭數周而復始勿以無草而暫停鋤者非止除草

乃熟地而實多糠薄米息鋤得十徧更得八米也春鋤起地夏為除草故春鋤不用觸濕六月已後雖濕亦無嫌春苗既淺陰未覆地濕鋤則地堅夏苗陰厚地不見日故雖濕亦無害矣管子曰為國者使農寒耕而熱芸芸除草也

呂氏春秋曰苗其弱也欲孤弱小也苗始生小時欲得孤特疏數則茂好也其長也欲相與俱言相依植不偃仆其熟也欲相扶相扶持不傷折是故三以為族乃多粟族聚也吾苗有行故速長弱不相害故速大橫行必得從行必術正其行通其風行行列也凡種欲牛遲緩行種人令促步以足躡壟底牛遲即子勻足躡則苗茂足跡相接者亦不煩撻也熟速

刈乾速積（刈早則鎌傷刈晚則穗折遇風則收減濕積則藁爛積晚則損耗連雨則生耳）孝經援神契曰黃白土宜禾 氾勝之書曰種無期因地為時三月榆莢時雨膏地強可種禾植禾夏至後八九十日常夜半候之天有霜若白露下以平明時令兩人持長索相對各持一端以概禾中去霜露日出乃止如此禾稼五穀不傷矣 漢食貨志曰種穀必雜五種以備災害田中不得有樹用妨五穀力耕數耘收穫如盜寇之至董仲舒曰春秋他穀不書至於麥禾不成則書

之以此見聖人於五穀最重麥禾也　種時直說芸苗之法其凡有四第一次曰撮苗第二次曰布第三次曰擁第四次曰復（俗曰添米）一功不至則稂莠之害秕糠之雜入之矣今之器以鋤營州之東以鏟爰有一器出自海壖號曰耬鋤（耬様一如下種耬但獨脚無耬斗耳於獨脚下端從後向上斜鑿一竅兩轅中央近後舊安耬斗處横桄中亦鑿一竅鋤制柄項彎曲一如芸苗鋤但其柄純以鐵為之麄細上下若一鋤刃尖圓如杏葉様用時將鋤柄於耬脚下端斜竅中穿過其柄末上出横桄竅中其鋤刃横肩於耬脚下端）撮苗後用一驢帶籠觜挽之初用一人牽慣熟不用人止一

人輕扶入土二三寸，其深痛過鋤力三倍，所辦之田日不啻二十畝。今燕趙多用之，名曰劐子。劐子之制，又少異於此。劐子第一徧即成溝子，穀根未成，不耐旱。耬鋤刃在土中，故不成溝子。第二徧加擗土木鴈翅，方成溝子，其土分壅穀根。擗土用木，厚三寸，闊三寸，長七寸，取成三角樣，前為尖，中鑿一竅，長一寸，闊半寸，穿於鐵鋤柄上，壓鋤刃上。

韓氏直說：如耬鋤過，苗間有小豁不到處，用鋤理撥一徧。如種黍粟大小等田，當用一尺三寸寬腳種蒔下種，易使鋤耬故也。如種麻麥，用狹腳種蒔則可。

大小麥 青稞附

齊民要術大小麥皆須五月六月暵地不暵地而種者其收倍薄崔寔曰五月六月菑麥田也　孝經援神契云黑墳宜麥　氾勝之書曰種麥得時無不善早種則蟲而有節晚則穗小而少實當種麥若天旱無雨澤則薄漬麥種以酢醋同漿并蠶矢夜半漬向晨速投之令與白露俱下酢漿令麥耐旱蠶矢令麥忍寒麥生黄色傷於太稠稠者鋤而稀之崔寔曰凡種大小麥得白露節可種薄田秋分種中田後十日種美田惟穬古猛反大麥類麥早晚無常正月可種春

麥案齊民要術春麥下有豍豆二字盡二月止青稞麥名苦禾反麥治打時稍難惟映日用碌碡碾與大麥同時熟麪堪作𪎊及餺飥甚美磨盡無麩鋤一偏佳不鋤亦得　四時類要曬大小麥今年收者於六月掃庭除候地毒熱衆手出麥薄攤取蒼耳碎剉拌曬之至未時及熱收可以二年不蛀若有陳麥亦須依此法更曬須在立秋前秋後則蟲生恐無益矣　士農必用古農語云彭祖壽年八百不可忘了稙蠶稙麥又云社後種麥爭回耬又云社後種麥爭回牛言奪時甚急也

韓氏直說五六月麥熟帶青收一半合熟收一半若過熟則抛費每日至晚即便載麥上場堆積用苫繳覆以防雨作如搬載不及即於地内苫積天晴乘夜載上場即攤一二車薄則易乾碾過一徧翻過又碾一徧起稭下場揚子收起雖未淨直待所收麥都碾盡然後將未淨稭稈再碾如此可一日一場比至麥收盡已碾訖三之二農家忙併無似蠶麥古語云收麥如救火若少遲慢一值陰雨即為災傷遷延過時秋苗亦誤鋤治

水稻

齊民要術稻無所緣唯歲易為良選地欲近上流（地無良薄水清則稻美也）三月種者為上時四月上旬為中時中旬為下時先放水十日後曳轆軸十徧（徧數唯多為良）地既熟淨淘種子（浮者不去秋則生稗）漬經三宿漉出內草篅（市專反判竹圜以盛穀）裛之復經三宿芽長二分一畝三升擲三日之中令人驅鳥稻苗長七八寸陳草復起以鎌侵水芟之草悉膿死稻苗漸長復須薅（拔草曰薅虎高反）薅訖決去水曝根令堅量時

水旱而溉之將熟又去水霜降穫之旱刈米青而不堅晚刈零落而損收

北土高原本無陂澤隨逐隈曲而田者二月冰解地乾燒而耕之仍即下水十日塊既散液持木斫平之納種如前法既生七八寸拔而栽之既非歲易草稗俱生芟亦不死故須栽而薅之溉灌收刈一如前法畦埒音劣堤厓也大小無定須量地宜取水均而已藏稻必須用簞此既水穀窖埋得地氣則爛敗也舂稻必須冬時積日燥曝一夜置霜露中即舂若冬舂不乾即米青赤脈起不經霜不燥乾則米碎矣秋稻法一切同

周官曰稻人掌稼下地

鄭注以水澤之地種穀也謂之稼者有似嫁女相生以潴畜水以防止水以溝蕩水以遂均水以列舍水以澮寫水以涉揚其芟作田鄭注鄭司農說豬防以春秋傳曰町原防規偃豬以列舍水列者非一道以去水也以涉揚其芟以其水寫故得行其田中舉其芟鉤也杜子春讀蕩為和蕩謂以溝行水也元謂偃豬者畜流水之陂也防豬旁堤也遂田首受水小溝也列田之畦畷也澮田尾去水大溝作猶治也開遂舍水於列中因涉之揚去前年所芟之草而治田種稻凡稼澤夏以水殄草而芟夷之鄭注殄病也絕也鄭司農說芟夷以春秋傳曰芟夷蘊崇之今時謂禾下麥為荑下麥言芟刈其禾於下種麥也元謂將以澤地為稼者必於夏六月之時大雨時行以水病絕草之後生者至秋水涸芟之明年乃稼澤草所生種之芒種鄭注

鄭司農云澤草之所生其地可種芒種芒種稻麥也氾勝之書曰種稻春凍解耕反其土種稻區不欲大大則水深淺不適冬至後一百一十日可種稻始種稻欲濕濕者缺其塍食陵反畦畔也令水道相直夏至後大熱令水道錯　崔寔曰三月可種粳稻稻美田欲稀薄田欲稠

旱稻

齊民要術旱稻用下田白土勝黑土非言下田勝高原但不停水者下得禾豆麥稻四種雖澇亦收所謂彼此俱獲不失地利故也下田種者用功多高原種者與禾同等也凡下

田停水處燥則堅垎胡格反土乾也濕則汙泥難治而易荒墝口交反埆音殼而殺種其春耕者殺種尤甚故宜五六月暵之以擬大麥麥時水潦不得納種者九月中復一轉至春種稻萬不失一春耕者十不收五蓋誤人耳凡種下田不問秋夏候水盡地白背時速耕杷勞杷白駕反頻翻令熟過燥則堅遇雨則泥所以宜速耕也二月半種稻為上時三月為中時四月初及半為下時漬種如法裛令開口耬耩掩種之耩故項反掩烏感反掩種者省種而生科又勝擲者即再徧勞若歲寒早種慮時晚即不漬種恐芽焦也其土黑堅

彊之地種未生前遇旱者欲得令牛羊及人踐履之濕則不用一迹入也稻既生猶欲令人踐壟背（踐者茂而多實也）苗長三寸杷勞而鋤之鋤唯欲速（稻苗性弱不能扇草宜數鋤之）每經一雨輒欲杷勞苗高尺許則鋒（古農罷）天雨無所作宜昌雨薅之科大如概者五六月中霖雨時拔而栽之（栽法欲淺令其根鬚四散則滋茂深而直下者聚而不科其苗長者亦可拔去葉端數寸勿傷其心也）入七月不復任栽（七月百草成時晚故也）其高田種者不求極良唯須廢地（過良則苗折廢地則無草）亦秋耕杷勞令熟至春黃場（始章反）納種

（不宜濕下）餘法悉與下田同

黍穄（稗附）

齊民要術凡黍穄田新開荒為上大豆底為次穀底為下地必欲熟（再轉乃佳若春夏耕者下種後再耕為良）一畝用子四升三月上旬種者為上時四月上旬為中時五月上旬為下時夏種黍穄與植穀同時非夏者大率以椹赤為候（諺曰椹釐釐種黍時）燥濕候黃塲種訖不曳撻（令時毛子也）常記十月十一月十二月凍樹日種之萬不失一（凍樹者凝霜封著木條也假令月三日凍

樹還以月三日種黍他皆倣此十月凍樹宜早黍十一月凍樹宜中黍十二月凍樹宜晚黍若從十月至正月皆凍樹者早晚黍悉宜也刈穄欲早黍欲晚穄晚多零落黍早米不成諺曰穄青喉黍折頭皆即濕踐久漬則邑鬱燥踐多塊穄踐訖即蒸而裛之不蒸者難舂米碎至舂又土臭蒸則易舂米堅香氣經久不歇也黍宜曬之令燥濕聚則鬱凡黍黏者收薄穄味美者亦收薄難舂　孝經援神契云黑墳宜黍　氾勝之書曰黍者暑也種者必待暑黍心未生雨灌其心心傷無實黍心初生畏天露令兩人對持長索概去其露日出乃止凡種黍覆土鋤治皆如禾法　稗

既堪水旱種無不熟之時又特滋茂宜種之備凶年稗中有米熟時擣取米炊食之不減粱米又可釀作酒酒甚美醲尤踰黍秫魏武使典農種之頃收二千斛斛得米三四斗大儉可磨食之若值豐年可以飯牛馬豬羊

務本新書種糯不換糯米價值比黃米價高今有與糯米相類者白黃米是也舊呼糯不換宜多種之造酒為佳

粱秫

齊民要術粱秫並欲薄地而稀種與植穀同時晚者全不收也

燥濕之宜杷勞之法一同穀苗收刈欲晚性不零落早刈損實

大豆 豍豆附

齊民要術春大豆次植穀之後二月中旬為上時三月上旬為中時四月上旬為下時歲宜晚者五六月亦得然稍晚稍加種子地不求熟地過熟者苗茂而實少收刈欲晚性不零落刈早損實鋤不過再葉落盡然後刈葉不盡則難治刈訖則速耕大豆性温秋不耕則無澤也

孝經援神契曰赤土宜菽也

汜勝之書曰大豆保歲易為宜古之所以備凶年也謹計家

口數種大豆率人五畝此田之本也三月榆莢時有雨高田可種大豆土和無塊畝五升土不和則益之種大豆夏至後二十日尚可種戴甲而生不用深耕大豆須均而稀豆花憎見日見日則黃爛而根焦也穫豆之法莢黑而莖蒼輒收無疑其實將落反失之故曰豆熟於場青莢在上黑莢在下

崔寔曰正月可種豍豆二月可種大豆又曰三月昏參夕杏花盛桑椹赤可種大豆四月時雨降可種大小豆美田欲稀薄田欲稠

小豆（菉豆白豆附）

齊民要術小豆大率用麥底然恐小晚有地者常須兼留去歲穀下以擬之　氾勝之書曰小豆不保歲難得椹黑時注雨種豆生布葉鋤之生五六葉又鋤之大豆小豆不可盡治也古所以不盡治者豆生布葉豆有膏盡治之則傷膏傷則不成而民盡治故其收耗折也菉豆白豆種法與小豆同

豌豆

務本新書豌豆二三月種諸豆之中豌豆最為耐陳又收多熟早如近城郭摘豆角賣先可變物舊時莊農往往獻此豆以為嘗新蓋一歲之中貴其先也又熟時少有人馬傷踐以此校之甚宜多種

蜀黍

務本新書蜀黍宜下地春月早種省工收多耐用人食之餘擸碎多拌麩糠以飼五牸外稭稈織箔夾籬寨作燒柴城郭貨賣亦可變物

蕎麥

齊民要術凡蕎麥五月耕經二十五日草爛得轉并種耕三徧立秋前後皆十日内種之假如地耕三徧即三重著子下兩重子黑上一重子白皆有白汁滿如濃即須收刈之但對梢相搭鋪之其白者日漸盡變為黑如此乃為得所若待上頭總黑半已下黑子盡落矣

胡麻

本草衍義曰止是脂麻也

齊民要術胡麻漢張騫從外國得麻種曰胡麻俗呼為烏麻非也今世有白胡麻八稜胡麻白

者油多而又可以為飯宜白地種二三月為上時四月上旬為中時五月上旬為下時月半前種者實多而成月半後種者少子而多秕也種欲截雨脚若不緣濕融而不生一畝用子二升漫種者先以耬耩然後散子空曳勞勞上加人則土厚不生耬耩者炒沙令燥中半和之不和沙下不均壟種若荒得用鋒耬鋤不過三徧刈束欲小束大則難燥打手復不勝以五六束為一藂斜倚之不爾則風吹倒損收也候口開乘車詣田抖擻倒豎以小杖微打之還藂之三日一打四五徧乃盡耳若乘濕橫積蒸熱速乾雖鬱裛無風吹虧損又慮裛者不中為種子然油無損也四時類要每

科相去一尺為法

麻子 蘇子附

齊民要術止取實者種斑黑麻子斑黑者實饒崔寔曰苴麻子黑又實而重擣治作燭不作麻耕須再徧一畝用子二升三月種者為上時四月為中時五月初為下時大率二尺留一根穊則不成鋤常令淨荒則少實既放勃拔去雄若未放勃去其雄者則不成子實凡五穀地畔近道者多為六畜所犯宜種胡麻麻子以遮之胡麻六畜不食麻子齧頭則科大收此二實足供美燭之費也慎勿於大豆地中雜種麻子

扇地兩損而收並薄六月中可於麻子地間散蕪菁子而鋤之擬收其根　氾勝之書曰樹高一尺以蠶矢糞之無蠶矢以溷中熟糞亦善樹一升天旱以流水澆之無流水曝井水殺其寒氣以澆之雨澤時適勿澆澆不欲數霜下實成速斫之其樹大者以鋸鋸之　務本新書凡種五穀如地畔近道者亦可另種蘇子以遮六畜傷踐收子打油燃燈甚明或熬油以油諸物

麻

齊民要術凡種麻用白麻子白麻子為雄麻顏色雖白齧破枯燥無膏潤者秕子也亦不中種市糴者口含少時顏色如舊者佳如變黑者裛麻欲得良田不用故墟故墟有䵆葉夭折之患不任作布也䵆丁破反草葉壞也地薄者糞之糞宜熟無熟糞者用小豆底亦得崔寔曰正月糞疇疇麻田也耕不厭熟縱橫七徧已上則麻無葉也田欲歲易拋子種則節高良田一畝用子三升薄田二升穊則細而不長稀則麤而皮惡夏至前十日為上時至日為中時至後十日為下時麥黃種麻麻黃種麥亦良候也諺曰夏至後不沒狗或答曰但雨多沒橐駝又諺曰五月及澤父子不相借言及澤急也夏至後者匪唯淺短皮亦輕薄此亦趨時不可失也父子之間尚不相假借而況他人者也澤多

者先漬麻子令芽生取雨水浸之生芽疾用井水則生遲浸法著水中如炊兩石米頃漉出著席上布令厚三四寸數攪之令均得地氣一宿即芽出水若滂沛十日亦不生待地白背耬耩漫擲子空曳勞截雨腳即種者地濕麻生瘦待白背者麻生肥澤少者暫浸即出不得待生芽耬頭中下之不勞曳撻麻生數日中常驅雀葉青乃止布葉而鋤頻翻再徧止高而鋤者便傷麻稠弱不堪者拔去勃如灰便刈刈拔各隨鄉法未勃者收皮不成放勃不收即曬𦸗古典反小束也欲小𥢶普胡反欲薄為其易乾一宿輒翻之得霜露則皮黃也穫欲淨有葉者易爛漚欲清水生熟合宜濁水則麻黑水少則麻脆生則難剝太爛則不任挽暖泉不冰凍冬日漚者最為柔

韌也 氾勝之書曰種枲太早則剛堅厚皮多節晚則皮不堅寧失於早不失於晚夏至後二十日漚枲枲和如絲

苧麻

圖經苧根舊不載所出州土今閩蜀江浙有之其皮可以績布苗高七八尺葉如楮葉面青背白有短毛夏秋間著細穗青花其根黃白而輕虛二月八月採又有一種山苧亦相似謹按陸璣草木疏云苧一科數十莖宿

根在地中至春自生不須栽種荊揚間歲三刈官令諸園種之剝取其皮以竹刮其表厚處自脫得裏如筋者煮之用緝今江浙閩中尚復如此孕婦胎損方所須又主白丹濃煮水浴之日三四差韋宙療癰疽發背初覺未成膿者以苧根葉熟擣傅上日夜數易之腫消則差矣　陶隱居云苧即今績麻也　新添栽種苧麻法三四月種子者初用沙薄地為上兩和地為次園圃內種之如無園者瀕河近井處亦得先倒劚土一二徧然後

作畦闊半步長四步再劚一徧用腳浮蹋或杴背浮按稍實不然著水虛懸再杷（蒲巴反）平隔宿用水飲畦明旦細齒杷浮耬起土再杷平隨時用濕潤畦土半升子粒一合相和勻撒子一合可種六七畦撒畢不用覆土覆土則不出於畦內用極細梢杖三四根撥刺令平可畦搭二三尺高棚上用細箔遮蓋五六月內炎熱時箔上加苫重蓋惟要陰密不致曬死但地皮稍乾用炊箒細灑水於棚上常令其下濕潤（緣子未生芽或苗出力弱而不禁注水陡澆故也）

遇天陰及旱夜撤去覆箔至十日後苗出有草即拔苗
高三指不須用棚如地稍乾用微水輕澆約長三寸卻
擇比前稍壯地別作畦移栽臨移時隔宿先將有苗畦
澆過明旦亦將做下空畦澆過將苧麻苗用刃器帶土
掘出轉移在內相離四寸一栽務要頻鋤三五日一澆
如此將護二十日之後十日半月一澆至十月後用牛
驢馬生糞蓋厚一尺預選秋耕擺熟肥地更用細糞糞
過來年春首移栽地氣已動為上時芽動為中時苗長

為下時栽法掘區成行方圍相去一尺五寸將畦中科苗移出栽於區内擁土區中以水湮之若夏秋移栽須趁雨水地濕分根連土於側近地内分栽亦可其移栽年深宿根者移時用刀斧將根截斷長可三四指栽時成行作區方圍各離一尺五寸每區臥栽三二根基盤相對擁土畢然後下水候三五日復澆苗高勤鋤旱則澆之若地遠移栽者須根科少帶元土蒲包封裹外復用席包掩合勿透風日雖數百里外栽之亦活栽培法

如前初年長約一尺便割一鎌蔴未堪用再候長成所割即堪績用至十月即將割過根楂用驢馬糞蓋厚一尺不致凍死至二月初杷去糞令苗出以後歲歲如此壓條滋茂如桑法移栽亦可第三年根科交結稠密不移必漸不旺即將本科周圍稠密新科再依前法分栽每歲可割三鎌每割時須根傍小芽出土約高五分其大麻即為可割大麻既割其小芽榮長便是下次再割麻也若小芽過高大麻不割不唯小芽不旺又損已成之麻大約五

月初一鐮六月半一鐮八月半一鐮唯中間一鐮長疾麻亦最好刈倒時隨即用竹刀或鐵刀從梢分批開用手剝下皮即以刀刮其白瓤其浮上皺皮自去縛作小縶搭於房上夜露晝曝如此五七日其麻自然潔白然後收之若值陰雨即於屋底風道内搭涼(去聲)恐經雨黑漬故也所剝之麻春夏秋温暖時分績與常法同若於冬月用温水潤濕易為分劈不然乾硬難分其績既成纏作纓子於水甕内浸一宿紡車紡訖用桑柴灰淋下

水内浸一宿撈出每纑五兩可用一淨水盞細石灰拌匀置於甕内停放一宿至來日擇去石灰卻用黍稭灰淋水煮過自然白輭曬乾再用清水煮一度別用水擺拔極淨曬乾逗成纑鋪經緯織造與常法同此麻一歲三割每畝得麻三十斤少不下二十斤目今陳蔡間每斤價鈔三百文已過常麻數倍善績者麻皮一斤得績一斤細者有一斤織布一匹次一斤半一匹又次二斤三斤一匹其布柔韌潔白比之常布又價高一二倍然

則此麻但栽植有成便自宿根可謂暫勞永利矣

木棉

新添栽木棉法擇兩和不下濕肥地於正月地氣透時深耕三徧擺蓋調熟然後作成畦畛每畦長八步闊一步内半步作畦面半步作畦背深劚二徧用杷耬平起出覆土於畦背上堆積至穀雨前後揀好天氣日下種先一日將已成畦畛連澆三水用水淘過子粒堆於濕地上瓦盆覆一夜次日取出用小灰搓得伶俐看稀稠

撒於澆過畦內將元起取出覆土覆厚一指再勿澆待六七日苗出齊時旱則澆溉鋤治常要潔淨穊則移栽稀則不須每步只留兩苗稠則不結實苗長高二尺之上打去衝天心旁條長尺半亦打去心葉葉不空開花結實直待棉欲落時為熟旋熟旋摘隨即攤於箔上日曝夜露待子粒乾取下用鐵杖一條長二尺麤如指兩端漸細如赶餅杖樣用梨木板長三尺闊五寸厚二寸做成牀子逐旋取棉子置於板上用鐵杖旋旋趕出子

粒即為淨棉撚織毛絲或棉裝衣服特為輕煖

論九穀風土及種蒔時月

穀之為品不一風土各有所宜種藝之時早晚又各不同案書禹貢冀州厥土惟白壤厥田為中中兖州厥土黑墳厥田惟中下青州厥土白墳厥田惟上下徐州厥土赤埴墳厥田惟上中揚州厥土惟塗泥厥田惟下下荆州厥土惟塗泥厥田惟下中豫州厥土惟壤下土墳壚厥田惟中上梁州厥土青黎厥田惟下上雍州厥土

惟黄壤厥田惟上上又周禮職方氏揚州荆州其穀宜稻豫州其穀宜五種鄭注黍稷菽麥稻青州其穀宜稻麥兗州其穀宜四種鄭注黍稷稻麥雍州其穀宜黍稷幽州其穀宜三種鄭注黍稷稻冀州其穀宜黍稷并州其穀宜五種鄭注同前合二經觀之雖幽并徐梁互闕所載而九州風土之宜其大凡可見矣然一州之内風土又各有所不同但條目繁多書不盡言耳觸類而求之苟塗泥所在厥土中下稻即可種不必拘以荆揚土壤黄白厥田上中黍稷粱

菽即可種不必限於雍冀墳壚黏埴田雜三品麥即可種又不必以并青兗豫為定也若夫時之早晚案齊民要術有上中下三時大率以洛陽土中為準此亦舉一隅之義爾以周公土圭之法推之洛南千里其地多暑洛北千里其地多寒暑既多矣種藝之時不得不加早寒既多矣種藝之時不得不加遲又山川高下之不一原隰廣隘之不齊雖南乎洛其間山原高曠景氣淒清與北方同寒者有焉雖北乎洛山隈掩抱風日和煦與

南方同暑者有焉東西以是為差苟比而同之殆類夫膠柱而鼓瑟矣汜勝之書有言種無期因地為時此不刊之論也表而出之庶覽者有所折衷焉

論苧麻木棉

大哉造物發生之理無乎不在苧麻本南方之物木棉亦西域所産近歲以來苧麻藝於河南木棉種於陝右滋茂繁盛與本土無異二方之民深荷其利遂即已試之效令所在種之悠悠之論率以風土不宜為解蓋不

知中國之物出於異方者非一以古言之胡桃西瓜是不產於流沙葱嶺之外乎以今言之甘蔗茗芽是不產於牂牁邛筰之表乎然皆為中國珍用奚獨至於麻棉而疑之雖然託之風土種藝之不謹者有之抑種藝雖謹不得其法者亦有之故特列其種植之方於右庶勤於生業者有所取法焉他日功效有成當暑而被纖絺之衣盛冬而襲麗密之服然後知其不為無補矣

農桑輯要卷二

欽定四庫全書

農桑輯要卷三

元 司農司 撰

栽桑 柘附

論桑種

齊民要術桑椹熟時收黑魯椹黃魯桑不耐久諺曰魯桑百豐錦帛言其桑好功省用多

博聞錄白桑少子壓枝種之若有子可便種須用地陰處其葉厚大得繭重實絲每倍常

士農必用

桑之種性惟在辨其剛柔得樹藝之宜使之各適其用

桑種甚多不可徧舉世所名者荊與魯也荊桑多椹魯桑少椹葉薄而尖其邊有瓣者荊桑也凡枝幹條葉堅勁者皆荊之類也葉圓厚而多津者魯桑也凡枝幹條葉豐腴者皆魯之類也荊之類根固而心實能久遠宜為樹魯之類根不固而心不實不能久遠宜為地桑然荊桑之條葉不如魯桑之盛茂當以魯條接之則能久遠而又盛茂也魯為地桑而有壓條換根之法傳轉無窮是亦可以長久也荊桑之類宜飼大蠶其絲堅韌中紗羅書禹貢厥篚檿絲注曰檿山桑此荊之類而尤佳者也魯桑之類宜飼小蠶

種椹

齊民要術收黑魯椹即日以水淘取曬燥仍畦種治畦下種

一如葵法常薅令淨　氾勝之書曰種桑法五月取椹著水中即以手潰之以水洗取子陰乾治肥田十畝荒田久不耕者尤善好耕治之每畝以黍椹子各三升合種之黍桑當俱生鋤之桑令稀疏調適黍熟穫之桑生正與黍高平因以利鐮摩地刈之曝令燥後有風放火燒之桑至春生一畝食三箔蠶　四時類要種桑如種葵法土不得厚厚即不生待高一尺又上糞土一徧　務本新書四月種椹二月種舊椹亦同東西掘畦熟糞和土耬平下

水水宜濕透然後布子或和黍子同種椹藉黍力易為生發又遮日色或預於畦南畦西種檾後藉檾陰遮映夏至長至三二寸旱則澆之若不雜黍種須旋搭矮棚於上以箔覆蓋晝舒夜捲處暑之後不須遮蔽至十月之後桑與黍稭同時刈倒順風燒之仍糝糞土蔽灰春暖榮茂次年移栽　一法熟地先耩黍一壠另撮草索截約一托以水浸軟麪飯湯更妙索兩頭各歇三四寸中間勻抹濕椹子十餘粒將索臥於黍壠內索兩頭以

土厚壓中間摻土薄覆隔一步或兩步依上臥一索西面取齊成行久旱宜澆十月刈燒加糞如前冬春擁雪蓋糞清明前後掃去霖雨時覷稀稠移補比之畦種旋移省力決活早二年得力如舊有椹春種更妙後宜築園牆固護或處索繋碎以黍椹相和於葫蘆內點種過處用箒掃勻或處天旱宜就黍壠內撥土平勻順壠作區下水種之　又法春月先於熟地內東西成行勻稀種蘂次將桑椹與蠶沙相和或炒黍穀亦可趁逐雨後

於檾北單耩或點種比之搭矮棚與黍同種緣檾陰高密又透風露雖種數十畝亦不甚委曲費力　士農必用（畦種與前法同）種子宜新不宜陳（新椹種之為上隔年春種多不生蔭畦搭棚為上檾麻次之黍苗又次之）桑芽出間令相去五七寸（營造尺寸也他倣此）頻澆過伏可長至三尺（割去檾麻）至十月內附地割了撒亂草走火燒過（火不可大恐損根）糞草蓋至來春杷摟去糞草澆每一科自出芽三數箇留旺者一條（已成根則不須蔭可頻澆）至秋魯桑可長五七尺荊桑可長三四尺（魯桑可移為地桑荊桑可移入園養之）

地桑

務本新書夫地桑本出魯桑若以魯桑萌條如法栽培榡肥旺者約留四五條鋤治添糞條有定數葉不繁多衆葉脂膏聚於一葉其葉自大即是地桑　栽地桑法秋後於熟白地內深耕一犂就壠加糞擬土爲區如無牛掘區亦可春分前後取臘月所埋桑條埋條法如後　榡有萌芽處各盤七八寸或一尺鍬區下水臥條栽之覆土約厚三四指深厚則難生以手按匀區東南西種穄五

七粒五月之後芽葉微高旋添糞土已後條高便作地桑或揀魯桑簞兒秋間埋頭深栽更疾得力士農必用地桑之功惟在治之如法不致荒燥無樹桑之家純用地桑則人力倍省有樹桑兼地桑之家樹葉既成地桑可止而勿用加澆鋤之功使之滋長至其蠶大眠之後或樹桑不能時至則可就取地桑補之蠶至終老不致闕食

布地桑法牆圍成園將園內地或牛犂或钁斸熟方五尺內掘一阬內地一畝合栽一百四十科方深各二尺阬內下熟糞三升生糞不中壯地不用和土勻下水一桶調成稀泥將畦內種成魯桑連根掘出一科自根

上留身六七寸其餘截去截斷處火鐵上烙過每一阬栽一根將根坐於泥中欲疾見功者栽二根按至阬底提三五次欲令根須舒順按桑身頂與地平擁周圍熟土令阬滿次日築實匝阬四邊築下土至半阬根下土自實不實則根土不相著多懸死上半阬擁熟土輕築令平滿附身土不可築實實則芽難生用虛土封堆如大鏾子樣可厚五七寸周圍自成環池水澆於內芽出虛土四五指每一根止留一二條澆鋤如法當年可長五尺餘次年附根割條葉飼蠶須用厚背剛鐮一割要斷鈍鐮一割不能斷則條楂不齊雨浸傷根地桑不宜放出身只要條從土中長出身

出土名為脚高身上所長條不旺又多被風雨擺折劙過處每一根盤周圍數芽出每一科可計留四五條餘者劙去年年附地劙之根漸旺留條漸多野魯桑根科栽之亦可全如前法地桑三年後正長旺五年後根相交根交則不旺春時將相交根斫斷掘去添上糞土或澆過或得雨即復長旺次後斟酌其根欲大將壓成栽于園別園如前法栽之三年後新桑茂盛養蠶斫桑時將舊桑根上只留一條隔年自成一樹分出栽為行桑如此傳轉無有盡期然魯桑所飼蠶其絲少堅韌可斟酌栽劙桑樹於大眠後取葉鬪飼之

韓氏直說地桑須於近井園內栽之有草則鋤無雨則澆比及蠶生可澆三次其葉自然早生桑種自有早生者遲生者須擇

（其旱生者為地桑則可）

移栽

齊民要術桑椹畦種明年正月移而栽之（仲春季春亦得）率五尺一根（大都種椹長遲不如壓枝之速無栽者乃種椹也）其下常斸掘種菉豆小豆（二豆良美潤澤益桑）栽後二年慎勿採沐（小採者長倍遲）

務本新書桑生一二年脂脈根株亦必微嫩春分之後掘區移栽區北直上下栽成土壁壁底旁鍬其土下水三四升將桑草兒靠壁栽立根科須得勻舒以土堅覆土壁比

區地約高三二寸大抵一切草木根科新栽之後皆惡搖擺故用土壁遮禦北風迎合日色　今時移栽小桑微帶根鬚上無寸土但經路遠風日耗竭脂脈栽後難活縱活亦不榮旺卻稱地法不宜此係拙謬今後應栽小樹若路遠移多約十餘樹通為一束於根鬚上蘸沃稀泥泥上糝土土上以草包（或席蒲包）包內另用淳泥固塞仍擗夾車箱兩頭不透風日中間順臥樹身上以席草覆蓋須於栽所掘區下糞樹到之時便下水依法栽培

秋栽法平昔栽桑多於春月全樹移栽春多大風吹擺加之春雨艱得又天氣漸熱芽葉難禁故多不活活亦遲得力若是斫去元幹再長樹身桑聞鐵腥愈旺地桑是其驗也迤南地分十月理栽河朔地氣頗寒故宜秋栽霖雨內為上時區深一尺之上平地約留樹身一二指餘者斫去栽罷地須堅築以土封瘞比及地凍於上約量添糞春暖之後就糞撥為土盆雨則可聚旱則可澆樹南春先種穄比及霖雨以來芽條藂茂就作地桑或削去細條

存留旺者一二枝次年便可成樹或是就壓傍條一樹又生十餘比之全樹栽者樹樹必活桑亦榮茂　十月木迯宜栽埋頭桑（截去桑身栽如秋栽法）冬月根脈下行乘春併發一年之間長過元樹　栽二年之上其間但有芽葉不旺者於穀雨時以硬木貼樹身去地半指一斧截斷快鍬更妙糝土封其樹瘢樹南種黍五七粒十餘日始出芽條旱則頻澆立夏之後不宜此法　一歲之中除大寒時分不能移栽其餘月分皆可（農桑要言云平原淤壤土地肥虛荊

桑魯桑種之俱可若地連山陂土脈堅硬止宜荊桑又初栽後成科時中心長條上葉勿採其餘在旁脚科止捋其葉且勿剝斫蓋令枝葉繁密就為藩蔽以防牛畜咬損犂擺拖挽之患後中心枝既麤即可劖斫在旁科條本根既盛脂脈盡歸中心枝便可長成大樹堅久茂盛不生糠心

士農必用種藝之宜惟在審其時月又合地方之宜使之不失其中栽培所宜春分前後十日十月內並為上時春分前後以及發生也十月號陽月又曰小春木氣長生之月故宜栽培以養元氣此洛陽方左千里之所宜其他地方隨時取中可也桑者易生之物嘗於長安試地桑除十一月不生活餘月皆可然春時及寒月必於天氣晴明已午間藉其陽和如其栽子已出元土忽變天寒風雨以熱水調泥栽培之熱月則必待晚涼仍須於園內稀種蘿蔔或麻黍為蔭

養樹桑法牆圍成園

大小隨人所欲將園內地耕斸熟方三尺許掘一阬阬之方深下糞水與栽地桑法同將畦內種出荊桑全條連根掘出栽培亦如前法但所築實土與地平上復用土封身一二尺周圍自成環池無雨則澆待桑身長至一大人高割去梢子則橫條自長任令滋長休科去新條當春不宜科科了數年不旺十二月內或次年正月科則不妨如澆治有功至秋可長大如壯椽十月內或次年春可移為行桑若不如此於園內養成從小便栽為行桑者多被風雨孳畜損壞野荊桑不成身者移根於園內養之亦同栽培如地桑法芽出留旺者一條長至如

大人高其科養如前

壓條

齊民要術須取栽者正月二月中以鉤杙壓下枝令著地條葉生高數寸仍以燥土壅之土溼則爛明年正月中截取而種之住宅上及園畔者固宜即定其田中種者亦如種椹法先概種二三年然後更移

務本新書寒食之後將二年之上桑全樹以兜掇祛定掘地成渠條上已成小枝者出露土上其餘條樹以土全覆樹根周圍撥作土盆旱宜頻澆如無元樹止就桑

下腳窠依上掘渠埋壓六月不宜全壓　士農必用春氣初透時將地桑邊傍一條梢頭截了三五寸屈倒於地空處(多用栽子多屈幾條隨人所欲)地上先兜一渠可深五指餘臥條於內用鉤撅子攀釘住(條短則二箇長則三箇)懸空不令著土其後芽條向上生如細杷齒狀橫條上約五寸留一芽其餘剝去(可飼小蠶)至四五月內晴天已午時間橫條兩邊取熟漕土擁橫條上成壠橫條即為臥根至晚澆其根科(當夜臥根生須)至秋其芽條皆為條身至十月(或次年春分前後)際

臥根根頭截斷取出隨閑空處斫斷（一如拐子樣）每一根為一栽（此法萌芽栽子無窮）

栽條

務本新書秋暮農隙時分預掘下區藉地氣經冬藏濕又分減栽時併忙區方深各二尺之上熟糞一二升與土相和納於區內土宜北高南下以留冬春雨雪（餘區準此）臘月內揀肥長魯桑條三二根通連為一稟快斧斫下即將楂頭於火內微微燒過每四五十條與稈草相間

作一束臥於向陽阬內（阬深長三四尺當預掘下防冬深地凍難掘）以土厚覆春分已後取出卻將元區跑開下水三四升布粟三二十粒將條盤曲以草索繫定臥栽區內覆土約厚三四指如或出露條尖三二寸覆土宜厚尺餘俱當堅築仍以虛土另封條尖已後芽生虛土自充先於區南種穄地宜陰濕時時澆之若全臥栽者已後逐旋添土芽條長高斫去傍枝三年可以成樹或就作地桑

栽桑梢

據埋頭栽桑斫下桑梢相連三二枝為一窠栽如前法
或於蘿蔔內穿過一枝假借氣力更妙掘區堅埋依前
法　壠種桑條秋耕熟地二月再擺匀東西起場約量
遠近撥土為區將臘月元埋桑條栽依前法或是單根
長桑條依上栽之亦可　栽種桑條者若舊桑多處可
以多斫萌條若是少處又慮斫伐太過次年誤蠶故具
種椹壓條栽條之法三者擇而行之　士農必用插條
法牆圍成園掘阬如地桑法大葉魯桑條上青眼動時

科條長一尺之上截斷兩頭烙過每一阬內微斜插三二條栽培如地桑法待芽出封堆虛土三五寸每一根科止留一條至秋可長數尺次年割條葉飼蠶止怕當年三伏日澆蔭不闕無不活者畦內插亦可如當處無可採之條須於他處擇下大葉魯桑臘月割條藏於土穴如藏花果接頭透風則乾了候至桑樹條上青眼微動時開穴所藏條上眼亦動但黃色截烙栽培用度如前

布行桑齊民要術士農必用種椹而後移栽移栽而後布行務本新書畦種之後即移

為行桑無轉盤之法

齊民要術桑栽大如臂許正月中移之亦不須髡率十步一樹陰相接則妨禾豆行欲小掎角不用正相當相當則妨犂士農必用園內養成荊魯桑小樹如轉盤時於臘月內可去不便枝梢小樹近上留三五條椀口以上樹留十餘條長一尺以上餘者皆科去至來春桑眼動時連根掘來於漫地內闊八步一行行內相去四步一樹相對栽之栽培澆灌如前法桑行內種田闊八步牛耕一繳地也行內相去四步一樹破地四步已久可成大樹相對則

可以橫耕故田不廢墾桑不致荒荆棘園護當年橫枝上所長條至臘月科令稀勻得所至來春便可養蠶野桑成身者即可移栽留橫枝如前法一名一生桑其根平淺故不久自死轉盤換根則長旺又久遠也農家移栽為轉盤桑同果樹一移一旺舊根斫斷新根即生新根不平生向下生也以此故長旺久遠

修蒔治蟲蠹等法附

齊民要術凡耕桑田不用近樹傷桑破犂所謂兩失其犂不著處斸地令起斫去浮根以蠶矢糞之去浮根不妨耬犂令樹肥茂也又法歲常繞樹一步散蕪菁子收穫之後放豬啖之其地柔軟有勝耕者種禾豆欲得逼樹

不失地利田又調熟遶樹散蕪菁者不勞逼也

務本新書桑隔內修蒔宜淨使透風日則桑決榮茂萬一有㞢屈等蟲又易捕打冬春之際免野火延燒　備春旱者秋深預於桑下約量擁糞經冬地氣藏濕桑亦榮旺春月撥作土盆雨則可聚旱則可鋤鋤治桑隔自然耐旱又辟蟲傷瀕河近井若能一澆亦不失節　備霜災者三月間儻值天氣陡寒北風大作先於園北覷當日風勢多積糞草待夜深發火燠熅假借煙氣順風以解霜凍花果倣此

士農必用樹桑之病

自變革之後桑田不治積有歲年苟就其久荒之業為一時之用荒桑晚生其蠶則穉穉蠶老遲則採葉亦遲故明年之葉其生也又差晚矣積年愈多則與蠶生之日愈不能相及為蠶事者必當開墾其田科斫其桑使之滋長成條其次年所生之葉與蠶生之時自不相遠也

韓氏直說桑樹腳科並浮根依時皆可斸去可做栽子者依法栽之不妨耕種其桑自然根深耐旱葉早生榮茂

農桑要旨云害桑蟲蠹不一蠦蛛步屈麻蟲桑狗為害者當生發時必須於桑根周圍封土作堆或用蘇子油於桑根周圍塗埽振打既下令不得復上即蹉撲之或張布幅下承以篩之野蠶為害者其蟲與家蠶同眠起小時不為害欲大眠時將應有五六日內飼蠶桑葉併力收斫連枝積貯不令日氣曬炙其野蠶當斫時自然振落縱有留者亦因積貯蒸死一二日桑

葉萎輭當旋旋剌下切細以溫鹽水拌飼之不惟其葉
生新抑鹽性涼於蠶有益不然遲於收斫三日內野蠶
大眠起桑葉必盡爲所食家蠶又何望乎又有蜣蜋蟲
性如蠦蛛晝潛於上夜出食葉必須上用大棒振落下
用布幅承聚於上風燒之桑間蟲聞其氣即自去以上
蟲蓋食葉者也又有蠹根食皮而飛者名曰天水牛於
盛夏時生皆沿樹身匝地生子其子形類蛆吮樹膏脂
到秋冬漸大蠹食樹心大如蠐螬至三四月間化成樹
螃卻變天水牛故其樹方秋先發黃葉經冬及春必漸
枯死除之之法當盛夏食樹皮時沿樹身必有流出脂
液濕處離地都無三五寸即以斧削去打死其子其害
自絶若已在樹心者宜以鑿剔除之凡都害桑蟲蠹皆
因桑隔荒蕪而生以致累及熟桑使盡修築下爲熟地
必無此害桑蟲蠹也　又桑間可種田禾與桑有宜與
不宜如種穀必揭得地脈亢乾至秋桑葉先黃到明年
桑葉澀薄十減二三又致天水牛生蠹根吮皮等蟲若

種蜀黍其梢葉與桑等如此叢雜桑亦不茂如種菉豆黑豆芝麻瓜芋其桑鬱茂明年葉增二三分種黍亦可農家有云桑發黍黍發桑此大驗也

科斫 採葉附

齊民要術劚桑十二月為上時正月次之二月為下白汁出則損葉大率桑多者宜苦斫桑少者宜省劚秋斫欲苦而避日中觸熱樹焦枯苦斫春條茂冬春省劚竟日得作春採者必須長梯高杌數人一樹還條復枝務令淨盡要欲旦暮而避熱時梯不長高枝折人不多上下勞條不還枝仍曲採不淨鴝脚多旦暮採令潤澤不避熱條

葉乾

秋採欲省栽去妨者秋多採則損條士農必用樹桑惟在稀科時斫依時斫也使其條葉豐腴而早發不致蠶之稀也稀則條自豐葉自腴今年科不過時則長條豐美明年之葉自然早發而又腴潤也又科斫之利惟在不留中心之枝容立一人於其內轉身運斧條葉偃落於外比之擔負高杌遶樹上下科有心之樹者一人可敵數人之功條不可冗冗則費芟科之功葉薄而無味是故科斫為蠶事之先務時人不知預治於農隙之時而徒費功力於蠶忙之日人則倍勞蠶亦失所如得其法使樹頭易得其條條上易得其葉蠶不待食葉以時生又其葉潤厚農語云鋤頭自有三寸澤斧頭自有一倍桑秦中一法名曰剝桑臘月中悉去其冗所存之條甚疎又於所存條根之上僅留四眼餘皆去之其所留者明年則為柯其眼中所發青條可長三數尺其

葉倍長光澤如沃蠶逼老而手採之獨留一向外之條滋長及秋其長已至尋丈臘月復科之如前歲久則所留之柯繁重復從下斫去既周而復始洛陽河東亦同山東河朔則異於是必留萌條疑風土所宜然欲一試此剝桑之法而未果也

斫樹法　自移栽時長五七尺高便割去梢既不留中心其條自向外長樹長大中心可容立一人如長成樹者當中有身及枝者亦可斫去

科條法　凡可科去者有四等一瀝水條向下垂者一刺身條向裏生者一駢指條相併生者選去其一一冗脞條雖順生卻稠冗臘月為上正月次之臘月津液未上又農隙人家春科只圖容易剝皮卻損了津液也欲用桑皮將臘月正月科下條向陽土內培了至

二月中取之自可剝惟在時之和融手之審密封繫之固擁包之厚使不致疎淺而寒凝也春分前十日為上時前後五日為中時然取其條眼襯青為時尤好此不以地方遠近皆可準也然必待晴暖之日以藉其陽和也接不密則氣液難通擁包不固厚則風寒入而害生也果之一生者質小而味惡既一接之則實碩大而味美桑亦如是故接換之功不容不知也且木之生氣冬則藏於骨肉之際春則行於肌肉之間生氣既行津液隨之亦如人之生脈夜沈晝浮而氣血從之皮膚之內堅骨之外青而潤者木之肌肉也今乘發生之時即其氣液之動移精美之條笋以合其鄙惡之榦質使之功相附麗二氣交通通則變變則化向之所謂鄙惡者而潛消於冥冥之中蓋精美之至其用乃神山谷道人接花之什有云雍也本犂子仲由元鄙人升堂與入室都在一揮斤可謂善形容造化之妙者也

接䕷樹

䕷樹老樹也謂枝幹豐大條短葉薄不能復滋長者（接法可傳者有四一插接二劈接三靨接又名貼接又名神仙接四批接又名搭接其法度各具本條䕷樹可插接又可劈接）插接法附地鋸斷於砧盤上肌肉內附骨用竹篦子插下可深一寸半（或插或釘竹篦子大小比接頭劈半樣一面蒲背一面平也削成馬耳狀用時噙養溫和插時平面附骨鋸過處為砧盤堅木為骨皮內骨外青䩄者為肌肉鋸用細齒者齒麤傷肌肉）接頭可長五寸之上（其眼襯青者）根頭一寸半用薄刃刃子刻下中半刻成判官頭樣餘半削其骨成馬耳狀

又與剗下處相照蒲背上用刀子遏斷浮皮剝去顯露肌肉輕遏不可傷肌肉又將馬耳尖頭薄骨割去半分青肌肉自長於骨尖半分也將接頭噙養溫暖假借人之生氣易活人於其時不可喫酒及濃厚滋味物取出竄子就用青肌肉半分裹接頭馬耳尖插下極要嵌密每一砧盤上插二條或三條令接頭之骨與樹之骨相著肌肉與樹之肌肉相著木之津液行於肌肉之間如不相對著又不緊密多不活如不用半分肌肉裹馬耳尖則擦了肌肉故亦多有不活者用新牛糞和土為泥封泥了濕土封堆大小斟酌其樹盤接頭頂上可留一二眼土

厚三四寸周圍棘刺遮護接頭生芽條出土長高一二尺約量留三二條其餘割去傍理椽子一條為依柱芽條漸長用繩子或葛條總繫在柱上（不如此被風雨擺折）芽條漸長壯止可留二條後為雙身樹也當年可長八九尺一丈至大人高時截去梢其橫枝自長勿採剝至臘月內科截橫條每一身可留三四枝各長一尺（然不可拘定或可長可短取其樹勢圓也）明年為柯柯上起條採令稀匀至秋成樹劈接亦可（其法如後）又法掘土見根將橫根周圍一遭斧斫斷

掘去中間正根將周圍根楂細鋸子截成砧盤每一砧盤或劈接或插接二三接頭斟酌砧盤大小細根不堪接者勿用封堆等如前法芽條出土若太稠密則間令得所至來年止留一條大者於本地其餘分出為栽子於別地栽之用依柱前法劈接法先附地平鋸去身幹於砧盤傍向下一寸半皮肉上用快刀子尖向上左右斜批豁兩道至平面其下尖其上闊一指中間批豁斷者剔去其批豁了處如一鴉背樣渠子也兩壁有斜面無平底其尖淺向上漸深至平面可深至半指許接頭可長五寸其粗細如

一指許者於根頭一寸半内量留一半將其外一半左右削兩刃子成蕎麥楞様令頭尖口内噙養温暖嵌於砧盤傍所批渠子内極要緊密須使老樹肌肉與接頭肌肉相對着於一砧盤上如此接至數箇（斟酌砧盤大小）用新牛糞土泥封泥了所繫桑皮然後用濕土封堆接頭上可厚五寸（大小斟酌其樹盤）周圍棘刺遮護接頭生條芽出土長高一二尺約量留三二條用依柱如前斸接法可就於横枝上截了留一尺許（然尺寸不可拘定惟取樹勢圓也）於接頭

上眼外方半寸刀尖割斷皮肉至骨款揭下帶眼皮肉一方片（其眼底骨上一小心子如米粒此是一芽生氣之根揭時用指甲尖剗起令其小心子帶於皮肉之上）口噙少時取出印濕痕於橫枝上復噙養之用刀尖依濕痕四圍刻斷皮肉揭去露骨將接頭上靨皮嵌貼上（其眼向上勿令顛倒）上下兩頭用新細薄桑皮繫了（斟酌其緊慢太緊則生氣不通太慢則不相附著俱難活也）用牛糞和泥眼四邊泥了其所貼之靨多少可量其樹之大小

搭接法就畦內將已種出荊桑隔年芽條去地三寸許向上削成馬耳狀將

一般粗細魯桑接頭亦削成馬耳狀兩馬耳相搭細桑皮繫了牛糞泥封濕土擁培其芽條出土可留一二芽至秋長如一大人高明年可移入園中養之其法如前接諸果木亦同

取藏接頭側近有接頭者臨接時取遠處有者預先於臘月節氣內割取其條其採取培養之法全如插條法內所說如取接頭處過遠者可於未曾盛油新稀甕中與蒲穰一處藏了外密封不透雖行千里不致凍傷果木宜二年條其藏及接法亦同

接大小樹大樹宜劈接插接小樹宜搭接靨接

附地接者封泥擁培如前半身截成砧盤接者但其縫罅上用紙封又有破席片包裹如仰盆手樣內盛潤土培養其接頭勿令透風用無底瓦罐盆子代席片亦可土乾則灑水所包土上條芽長出其所包土亦休取去至秋條長成接處長定所包土不用也如接頭都活則斟量橫枝多少樹之氣力留之

義桑

務本新書假有一村兩家相合低築圍牆四面各一百步若戶多地寬更甚省力一家該築二百步牆內空地計一萬步

每一步一桑計一萬株一家計分五千株若一家孤另一轉築墻二百步墻内空地止二千五百步依上一步一桑止得二千五百株其功利不侔如此恐起爭端當於園心以籬界斷比之獨力築墻不止桑多一倍亦遮相藉力容易句當

桑雜類

齊民要術椹熟時多收曝乾之凶年粟少可以當食魏略曰楊沛為新鄭長興平末人多饑窮沛課民益畜乾椹收䕲豆閲其有餘以補不足積聚千餘斛會太祖西迎

天子所將仟人皆無糧沛謁見乃進乾椹太祖甚喜及太祖輔政超爲鄭令賜生口十人絹百匹既欲勵之且以報乾椹也今自河以北大家收百石少者尚數十斛故杜葛亂後饑饉薦臻惟仰以全軀命數州之內民死而生者乾椹之力也

務本新書桑椹平時以棗椹拌餡煿餅食之甜而有益　椹子煎採熟椹盆內微研以布紐汁磁器盛頓晝夜露地放之四十九日以湯點服明耳目益水藏和血氣或加蜜少許石器同煎亦可病諸瘡疾作膏藥貼神效

桑螵蛸桑根白皮皆入藥用　桑皮抄紙春初剝研繫枝剝芽皮爲上餘月次之　桑木爲弓弩胎則耐撓

搜　桑義素食中妙物又五木耳桑槐榆柳楮是也桑槐者爲良野田中者恐有毒不可食

柘

齊民要術種柘法耕地令熟耬耩作壟柘子熟時多收以水淘汰令淨曝乾散訖勞之草生拔卻勿令荒沒三年間劚去堪爲渾心扶老杖十年中四破爲杖任爲馬鞭胡牀十五年任爲弓材亦堪作履裁截碎木中作錐刀靶二十年好作犢車材欲作鞌橋者生枝長三尺許

以繩繫旁枝木橛釘著地中令曲如橋十年之後便是渾成柘橋欲作快弓材者宜於山石之間北陰中種之其高原山田土厚水深之處多掘深阬中種桑柘者隨阬深淺或一丈丈五直上出阬乃扶疎四散此樹條直異於常材十年之後無所不任　柘葉飼蠶絲好作琴瑟等絃清鳴響徹勝於凡絲遠矣　博聞錄柘葉多藂生榦疎而直葉豐而厚春蠶食之其絲以冷水繰之謂之冷水絲柘蠶先出先起而先繭柘葉隔年不採者春

再生必毒蠶如不採夏月皆要打落方無毒

農桑輯要卷三

欽定四庫全書

農桑輯要卷四

元　司農司　撰

養蠶

論蠶性

齊民要術春秋考異郵曰蠶陽物大惡水故蠶食而不飲

士農必用蠶之性子在連則宜極寒成蟻則宜極暖停眠起宜溫大眠後宜涼臨老宜漸暖入簇則宜極

暖

收種

齊民要術收取繭種必取居簇中者（近上則絲薄近地則子不生也）

務本新書養蠶之法繭種為先今時摘繭一概並堆箔上或因繰絲不及有蛾出者便就出種罨壓熏蒸因熱而生決無完好其母病則子病誠由此也今後繭種開簇時須擇近上向陽或在苫草上者此乃強良好繭（農桑要旨云繭必雌雄相半簇中在上者多雄下者多雌陳志宏云雄繭尖細緊小雌者圓慢厚大）另摘

出于透風涼房內淨箔上一一單排日數既足其蟻自生免熏罨鑽延之苦此誠胎教之最先若有拳翅禿眉焦腳焦尾熏黃赤肚無毛黑紋黑身黑頭先出末後生者揀出不用止留完全肥好者勻稀布於連上擇高明涼處置箔鋪連箔下地須灑掃潔淨蠶連厚紙為上薄紙不禁浸浴野語云連用小灰紙更妙候蟻生足移蟻下連屋內一角空處豎立柴草撒蟻于上至十八日後西南淨地掘阬貯蛾上用柴草搭合以土封之庶免禽蟲傷食蓋有功于人理當如此農桑要旨

云將蛾作三阬埋種田地內能使地中數年不生刺芥士農必用蠶事之本惟在謹于謀始使不為後日之患也眠起不齊由于變生之不一變生不一由于收種之不得其法故曰惟在謹于謀始

擇繭出種者

取簇中腰東南明淨厚實繭蛾第一日出者名苗蛾不可用屋中置柴草上放不用蛾次日以後出者可用每一日所出為一等輩各于連上寫記後來下蛾時各為一等輩二日相次為一輩猶可次三日者則不可為將來成蠶眠起不能齊極為患害另作一輩養則可末後出者名末蛾亦不可用鋪

連于槌箔上雄雌相配當日可提掇連三五次（去其尿也）至末時後款摘去雄蛾（放在苗蛾一處）將母蛾于連上勻布（稀稠得所）所生子如環成堆者其蛾與子皆不用其餘者生子數足更當就連上令覆養三五日（不覆養則氣不足）然後將母蛾亦置在雄蛾苗蛾末蛾處十八日後埋之

浴連（收貯蠶連附）

歲時廣記集正歷凡浴蠶種了小繩子搭挂上元日浴畢挂一七日卻收于清涼處著一甕盛貴得清涼令生

遲也又臘日取蠶種籠挂桑中任霜露雨雪飄凍至立春收謂之天浴蓋蠶蛾生子有實有妄者經寒凍後不復狂生唯實者生蠶則強健有成也

務本新書農家自蛾在連直至臘月內三八日浴連三次比及此時蛾溺毒氣先熏汙八九月甚違胎養之方今後自蛾在連即于無煙通風涼房內桑皮索上單挂不得見日若遇天氣炎熱于午未間將連鋪在涼房淨地上申時卻挂起至十八日後遇天色晴明日未出時汲深井甜水浴連約一頓飯間浸去便溺毒氣依上單挂孕婦並未滿月產婦不得浴

連勿用厚衣緜絮包裹勿近銅鐵鹽灰不得用麻繩繫挂如或不忌後多乾死不生本草陳藏器云苧麻近蠶種則蠶不生當遠之三伏內再浴至秋高時兩連用線長綴通作一連索上搭挂庶免秋風磨擦七八月不宜收起早收蠶子不旺至十月天晴收卷桑皮索繫懸之冬至日臘八日依前浴挂長流水為上井花水次之比及月望數連一卷桑皮索繫定庭前立竿高挂以受臘天寒氣又採辰精月華至歲除夜用五方草同桃符本柤以水同煎放冷元日五更浴連辟

諸惡解厭魅宜蠶五方草者馬齒莧是也五月五日于牆頭並屋上或人迹少到處採者佳若春早遲生至天社日重九日採亦同立春後無煙屋內置淨甕一隻細切乾茅草襯底另貯黑豆一二斗上立一絲籆慢卷蠶連三紙桑皮繫之遶籆竪立以紗羃甕每十數日將連取出略見風日又蛾連大忌煙熏農家少有避煙房舍日值煙氣熏蒸胎先蘊熱乘春必變為見桑葉未生多以土豆埋壓蛾遺困苦後必消耗審此病源決合多方救護謂如一村十數家蠶連各自封記社長斂集于無煙處寄放庶免熏埋之苦

士農必用浴畢挂時須蠶子向外恐有風相磨損其子冬至日及臘八日浴時無令水

極凍浸二日取出（水極凍則不能出連）年節後甕內豎連須使玲瓏每十數日須日高時一出每陰雨後即便曬曝（恐傷濕潤然見風亦不可多時）

收乾桑葉

務本新書秋深桑葉未黃多廣收拾曝乾擣碎于無煙火處收頓春蠶大眠後用

士農必用桑欲落時捋葉（未欲落捋傷來年桑眠已落者短津味泥封收囷）至臘月內搗磨成麪（臘月內製者能消蠶熱病甕器內可多收飼蠶餘剩作牛料牛甚美食）

製豆粉米粉

務本新書臘八日新水浸菉豆（每箔約半升）薄攤曬乾又淨淘白米（每箔約半升）控乾以上二物背陰收頓（野語云臘月造油蠶房內點燈諸蟲不入）

收牛糞

務本新書冬月多收牛糞堆聚（春月旋拾恐臨時闕少）春暖踏成墼子曬乾苫起燒時香氣宜蠶　士農必用臘月曝乾至春碾搥碎一半收起一半用水拌匀杵築為墼

收蓐草

務本新書臘月刈茅草作蠶蓐則宜蠶

收蒿梢

士農必用收黃蒿豆稭桑梢其餘梢乾勁不臭氣者亦可

修治苫薦

士農必用穀草黃野草皆可但必令緊密一頭截齊一頭留梢者為苫兩頭齊截者為薦也　野語云苫用茅草上簇輕快又不蒸熱

治蠶具蠶糧附

齊民要術崔寔曰三月清明令蠶妾具槌椽箔籠案齊民要術作令蠶妾治蠶室塗隙穴具槌持箔籠

士農必用蠶具及繰絲器皿務要寬廣槌箔椽切刀鐮斧軠釜等熱絲則釜宜大冷絲則釜宜小盆欲大其竈臨時治之

舂磨米麪蠶忙時不及也

蠶室

齊民要術修屋欲四面開窗紙糊厚為籬崔寔曰三月清明治蠶室塗隙穴

務本新書蠶屋北屋為上南屋西屋次之大忌東屋為西照日色又西風非長養之氣至穀雨日先須泥補熏乾墍槌

了畢勿透風氣若逼蠶生㿂泥者牆壁濕潤多生白醭貼沙之病蠶屋正門須重挂葦簾草薦（簷外不必以箔攔夾令時通風日故也）屋内東間另用席箔擗夾一間于内生蟻留小門出入上挂蒲簾蓋屋小則容易收火氣停眠前後拆去（蟻或于小屋内生之熟火易為烘暖停眠後移入寬快屋内）蠶屋須要寬快潔淨通風氣映日陽屋前不宜有大樹窑陰南北屋相去宜遠宜安南北窗大忌西窗南北窗上各糊捲窗一眠之後但遇白日晴明若是南風卻捲北窗若有北風卻捲南

窗蓋倒溜風氣宜蠶故也假有一家蠶屋三間止養蠶十數箔雖無北窗亦不須劄開蓋為蠶少屋寬必無太熱若至二十箔以上決當劄開北窗近下安置但是窗上須挂葦簾草薦南簷外先架立搭棚櫟柱大眠時搭蓋以隔臨簷熷熱西山牆外另搭趄棚今時多用蜀黍稭壁以避滿牆西照蠶屋西南角從柱向南高壘牆壁四五步或夾厚籬障以泥泥飾防大眠之後翦開窗紙恐有西南風起此風大傷蠶陝西河南尤甚趙地以北頗緩要旨云蠶

屋地基須高一尺擇地不必以陰陽形勢為法陳志宏云屋基新土填乾于上用泥重覆士農必用修屋宜高廣低則鬱遏多熱勿接檐廈南檐隔陽氣北檐助陰氣蠶生前一月泥飾厚則耐寒熱除正門外每周圍可徧安窗無西窗不妨宜高大每間開壁更好如壁內有通小柱者一壁上分安兩座力不及者匀五直柒枝亦可檁椽之間每一間內各開三照窗長闊皆五六寸許兩山壁窗近上亦各如椽上開照窗大窗先用故紙全糊外各用草薦密封蓋了照窗亦糊搭窗密封窗臺高不過二尺五寸每一間附地透開三風眼如貓竇卻用磚坯蓋塞了泥封固密

火倉

齊民要術屋内四角著火火若在一處則冷熱不均務本新書生蠶有小屋者四壁挫壘空龕或八或六頗類參星様一高一下頓藏熟火庶得火氣匀停如大屋内生蠶一邊難就壁龕當于箔查外挫壘土臺或釘木橛上安火盆盆外另夾帷箔救拾火氣蠶小時將牛糞墼子燒令無煙移入龕内頓放如無壁龕等止于槌箔四向約量頓火近兩眠則止若寒熱不均後必眠起不齊又今時蠶屋内素無

禦寒熱火止是旋燒柴薪煙氣熏蒸太甚蠶蘊熱毒多成黑蔫士農必用治火倉屋當中掘一阬闊狹深淺量屋大小（謂如一二間四椽屋四方一面可闊四尺隨屋大小加減）阬周圍塼坯接壘高二尺黏泥泥了通計深四尺細碎乾牛糞阬底上鋪攤一層厚三四指（臘月所收極碎者）帶根節麤乾柴于糞上鋪一層（五寸以上徑者凡桑榆槐等堅硬者皆可）柴上又鋪糞一層于柴空隙處築得極實（慎不可虛虛則火燄起傷屋又熱火不能久）糞柴相間椿阬滿上復用糞厚蓋了約蠶生前七八日糞上煨熟火黑

黄煙五七日于蠶蟻生前一日少開門出盡烟即閉了恐暖氣出其柴糞陷下已成熟火蠶小喜暖怕烟不可用生火又生火或驟或歇不能均勻此火既熟絕無烟氣一兩月不減不動便如無火用柴枝剔撥便暖氣熏騰也上必壘高二尺者欲使火氣上騰至空中散布均勻又防夤夜人行誤陷入也其屋乾透其壁皆暖黑婆等諸蟲盡熏了牛糞熏屋大宜蠶也蠶喜牛糞牛喜蠶沙糊窗窗上故紙卻用淨白紙替換糊了外莫捲草薦旋扯故紙糊新紙不使熱氣出去了每一窗嵌四大捲窗宜密

安槌

齊民要術比至再眠常須三箔中箔上安蠶上下空置（下箔障土氣上箔防塵埃）士農必用上下二箔上皆鋪切碎稈草中一箔用切碎擣軟稈草為蓐鋪案平匀仍須四邊留箔楦五七寸揉淨紙黏成一段將所鋪蓐大鋪于中箔蓐上（揉紙極軟如棉　要旨云底箔須鋪二領蠶蟻生後每日日高捲出一領曬至日斜復布于生蠶箔底明日又將底箔撤出曬曝如前翻覆襯藉使受自然陽和之氣停眠起食然後撤去）

變色

務本新書清明將甕中所頓蠶連遷于避風溫室酌中

處懸挂太高傷風太下傷土穀雨日將連取出通見風日那表爲裏左捲者卻右捲右捲者卻左捲每日交換捲那捲罷依前收頓比及蠶生均得溫和風日生發勻齊要旨云清明後種初變紅和肥滿再變尖圓微低如春柳色再變蟻周盤其中如遠山色此必收之種也若頂平焦乾及蒼黃赤色便不可養此不收之種也士農必用蠶子變色惟在遲速由己不致損傷自變視桑葉之生以定變子之日須治之三日以色齊為準農語云蠶欲三齊子齊蟻齊蠶齊是也其法桑葉已生自辰已間于風日中將甕中連取出舒卷提掇舒時連背向日曬至溫不可熱凡一舒一捲時

將元捲向外者卻捲向裏元向裏者卻捲向外橫者竪捲竪者橫捲以至兩頭捲來中間相合舒捲無度數但要第一日十分中變灰色者變至三分收了次二日變至七分收了此二日收了後必須用紙密糊封了如法還甕内收藏至第三日于午時後出連舒捲提掇展連手提之凡半日十數徧須要變十分第三次必須至午時後出連者恐第一次先變者先生蟻也蟻生在巳午時之前過午時便不生桑蠶直說欲疾生者頻舒捲捲之須虛慢欲遲生者少舒捲捲之須緊實

生蟻

士農必用生蟻惟在涼暖知時開措得法使之莫有先後也（生蟻不齊則其蠶眠起至老俱不能齊也）其法變灰色已全以兩連相合鋪于一淨箔上緊捲了兩頭繩束卓立于無烟淨涼房內第三日晚取出展箔蟻不出為上若有先出者雞翎掃去不用（名行馬蟻留則蠶不齊）每三連虛捲為一卷放在新暖蠶房內（槌匝下隔箔上）候東方白將連于院內一箔上單鋪（如有露于涼房中或棚下）待半頓飯時移連入蠶房就地一箔上單鋪少間黑蟻齊生（並無一先一後者）和蟻秤連記寫分兩

下蟻

齊民要術：蠶初生，用荻掃則傷蠶。博聞録：用地桑葉細切如絲髮，摻淨紙上，卻以蠶種覆于上，其子聞香自下。切不可以鵝翎掃撥。務本新書：農家下蟻，多用桃杖翻連敲打，蟻下之後，卻掃聚以紙包裹，秤見分兩，布在箔上。已後節節病生，多因此弊。今後比及蟻生，當匀鋪蓐草（蓐宜擣軟），煻火內燒棗一二枚，先將蠶連秤見分兩，次將細葉摻在蓐上，續將蠶連翻搭葉上，蟻要匀稀，連必須移生盡之後再秤空連便知蠶蟻分兩依此生蠶百無一損今時如下蟻三兩往往止布一席重疊密壓不無損傷今後下蟻三兩決合勻布一箔若分兩多少驗此差分又慎莫貪多謂如已力止合放蟻三兩因為貪多便放四兩以致桑葉房屋椽箔人力柴薪俱各不給因而兩失

士農必用下蟻惟在詳款稀勻使不致驚傷而稠疊是時蠶母沐浴淨衣入蠶屋蠶屋內焚香又將院內雞犬孳畜逐向遠處恐驚新蟻也蟻生既齊取新葉用快利刀切極細須下蟻時旋切則葉查上有津若鈍刀頓切下則查

乾無津用篩子篩于中箔蓐紙上務要匀薄須用篩子乃能匀不匀則食偏篩用竹編葦子亦可秫黍蘸亦可如小椀大篩底方眼可穿過一小指也將連合于葉上蟻自緣葉上或多時不下連及緣上連背翻過又不下者並連棄了此殘病蟻也一箔蓐上下蟻三兩蠶至老可分三十箔每蟻一錢可老蠶一箔也係長一丈闊七尺之箔如箔小可減蟻下蟻多則蠶稠為後患也養蠶過三十箔者可更加下蟻箔養蠶少者用筐可也蓐如前法

涼暖總論

齊民要術調火令冷熱得所熱則焦燥冷則長遲務本新書春

蠶時分一晝夜之間比類言之大概亦分四時朝暮天氣頗類春秋正晝如夏深夜如冬既是寒暄不一雖有熟火各合斟量多寡不宜一體自蟻初生相次兩眠蠶屋内正要温暖蠶母須著單衣以身體較若自身覺寒其蠶必寒便添熟火若自身覺熱其蠶亦熱約量去火一眠之後但天氣晴明已午未之間暫捲起門上薦簾以通風日免致大眠起後飼罷三頓投食翦開窗紙時陡見風日乍則必驚後多生病古人云貧家悟得養子

法蓋是多在露地慣見風日之故蠶亦如此至大眠後蠶長十分葉增十倍蓐廣沙多自然發熱加之天氣炎熱蠶屋內全要風涼三頓投食罷宜捲起簾薦剪開窗紙門口置甕旋添新水以生涼氣倘遇猛風暴雨或夜氣太涼卻將簾薦暫時放下

士農必用加減涼暖蠶成蟻時宜極暖是時天氣尚寒大眠後宜涼是時天氣已暄又風雨陰晴之不測朝暮晝夜之不同一或失應蠶病即生惟蠶屋得法則可以應之屋之制周置捲窗中伏熟火謂如蠶欲暖而天氣寒閉苫窗撥火則外寒不入和氣內生若遇大寒屢撥熟火不能勝其寒則外燒糞墼絕烟置屋中四隅和氣自然熏蒸寒退則去餘火

蠶欲涼而天氣暄閉火而捲苫窗則火氣內息而涼氣外入若遇大熱盡捲苫窗不能解其熱則去其窗紙上捲照窗下開風眼窗外槌下灑潑新水涼氣自然透達熱退則糊補其窗閉塞風眼使其蠶自初及終不知有寒熱之苦病少繭成一室之功也然寒不可驟加暖熱當漸漸益火寒而驟熱則黃軟多疾熱不可驟加風涼當漸漸開窗熱而驟風涼則變殭此又不可不知也又正熱猛著寒便禁口不食即用鐵子盛無烟熟牛糞火用杈托火鐵于槌箔下往來辟去寒氣蠶自食葉也

飼養總論

務本新書蠶必晝夜飼若頓數多者蠶必疾老少者遲老二十五日老一箔可得絲二十五兩二十八日可得絲二十兩若月餘或四十日老一箔止得絲十餘兩

飼蠶者慎勿貪眠以懶為累每飼蠶後再宜遶箔巡視若有薄處必再摻令勻若值陰雨天寒比及飼蠶先用去葉稈草一把點火遶箔四向照過逼去寒濕之氣然後飼蠶蠶不生病一眠候十分眠纔可住食至十分起方可投食若八九分起便投食直到蠶老決都不齊又多損失停眠至大眠蠶欲向眠若見黃光便合擡解住食直候起時慢慢飼葉宜輕摻若蠶白光多是困餓宜細細飼之猛則多傷若蠶青光正是蠶得食力勿令少

葉急須勤飼今時農家停眠至大眠眠蠶大半蠶母猶自摻葉直候都眠或有起者纔方住食不知先眠之蠶被葉罨蓋多時以漸不能退皮至大眠起後多是往來遊走直到入簇決都不齊葉忌濕忌熱蠶食濕葉多生瀉病食熱葉則腹結頭大尾尖當蓋小屋或棚頂放雨露濕葉控去濕潤然後飼蠶

士農必用飼養之節惟在隨蠶所變之色而為之加減厚薄後擘黑及三眠條內隨色加減食法具此條內

註使無過不及也蟻生色黑三日後漸變白則向食少加厚變青則正食宜益加厚雖飽亦不傷復變白則慢食宜少減變黃則短食謂之向眠宜愈減純黃則住食謂之正眠眠起自黃而白自白而青自青復白自白而黃又一眠也凡眠起變色例如此時當減食飼之過則傷傷則禁口不食生病而眠遲

時當正食飼之不及則餒餒則氣弱而生病亦眠遲而又繭薄也

用葉

蠶不可食之葉有三一承帶雨露既濕又寒食則變褐色生水瀉臨老則浸破絲囊不可抽繰製之之法芟葉實積苫席覆之少時內發蒸熱審其得所啓苫覆而攤之濕氣隨化葉亦不寒即可飼之也二爲風日所蔫乾者生腹結三浥臭者即生諸疾斯二者無可製之法棄之可也

韓氏直說抽飼斷眠法蠶向眠時量黃白分數抽減所飼之葉漸次細切薄摻頻飼如十分中有三分黃光者即十分中減葉三分比尋常稍宜細切薄摻頻數亦宜稍頻如十分中有五分黃先即減五分比先次又細切薄摻其頻數更宜加頻如

十分中有八分黃先即減去八分比先次切令極細摻令極薄其頓亦令極頻候十分黃先不問陰晴早夜急須擡過預備箔蓐可無失悞擡過時住食起齊時投食此為抽飼斷眠之法謂抽減眠蠶之葉不致覆壓專飼未眠之蠶使之速眠不惟眠起得齊且無葉罨燠熱之病前人謂學取抽飼斷眠法年年歲計得絲蠶不可不知也

分擡總論

務本新書擡蠶須要眾手疾擡若箕內堆聚多時蠶身

有汗後必病損漸漸隨擡減耗縱有老者簇內多作薄皮蠶沙宜頻除不除則久而發熱熱氣熏蒸後多白殭每擡之後箔上蠶宜稀布稠則強者得食弱者不得食必遶箔遊走又風氣不通忽遇倉卒開門暗值賊風後多紅殭布蠶須要手輕不得從高摻下如或高摻其蠶身遞相擊撞因而蠶多不旺已後簇內懶老翁赤蛹是也

要旨云蠶有白殭是小時陰氣蒸損天晴急用簸箕三四具轉蠶中庭使日氣昫照擡一箔則復布一箔得日氣則盡解矣　野語云蠶燠乾鬆者其蠶無病蠶燠成片濕潤白積者蠶為有病速宜擡解如正可擡卻

遇陰雨風冷則不敢擡用茅草細切如豆每一箔可用一斗或二斗勻撒蠶上上再掺葉移時蠶因食葉沿上其茅草能隔燠熱天晴再擡如無茅草稈草次之

士農必用分擡之便惟在頻款稀勻使不致蒸濕損傷也蠶滋多必須分之沙燠厚必須擡之失分則不勝稠疊失擡則不勝蒸濕故宜頻蠶者柔輭之物不禁觸弄小而分之猶能愛護大而擡之莫能顧惜也未免久堆亂積遠擲高拋生病損傷實由于此故宜安款而稀勻

或有不齊頻飼以督其後者使之相及而各取其齊也蠶眠不齊病原于初令既然矣當從此治之如于純黃之中雜見其退白而向黃者是與純黃不相懸遠頻飼以督之則猶得相及飼頻則可速其眠故爾如已見純黃又多青白此與純黃既遠雖飼之之頻則亦莫及蓋蠶之變色為變之小其眠則絕食退膚為變之

大也為蛹為蛾則變之尤大而至于化也凡至純黃則結嘴不食而眠如人之大病周身之氣血一為變換一晝夜靜安不擾則眠為得所今以青白者尚多飼而亂之動而蹂之則眠者失其所矣比其青白者變黃而向眠則此已過眠而動起動起之初欲得少食亦如人之病起欲得少食以接氣血也以後者方眠勒其食而不投以困以餓又少待後者動起而飼之多病少絲端為可惜故蠶經云眠起不齊絲減半良謂此也

初飼蟻

務本新書初飼蟻法宜旋切細葉微篩（切刀宜快快則麤細勻停）不住頻飼一時辰約飼四頓一晝夜通飼四十九頓或三十六頓懶者頗疑煩冗予曰新蟻止食桑葉脂脈若頓

數不多譬如嬰兒小時失乳後必羸弱病生蟻初生須隔夜採東南枝肥葉甕中另頓旋取細切士農必用

飼蟻之法當宿澆其桑旋摘其葉宿澆則多液旋摘則不乾利刃以細切之疏篩以薄布之非利刃則無液非細切則蓋蟻非篩則不勻非勻則偏食然葉楂之微液不能久存少頃之間即成枯乾故須旋切而頻篩也第一日飼一復時可至四十九頓第二日飼至三十頓葉微加厚第三日飼至二十餘頓又稍加厚宜極暖宜暗大凡初蟻宜暗眠宜暗將眠及眠起宜微明向食宜明後皆倣此

擘黑

士農必用擘黑法第三日巳午時間于別槌上安三箔如前初安槌法微帶燠薄揭蟻款手擘如小棊子大布于中箔可盈滿不留楂也可漸漸加葉飼早晴可捲東窗苫蠶喜東照及當日背風窗自此後常日宜如此天陰早暮且不宜至夜則閉凡迎風窗苫及西照窗户不可開蠶畏風也後皆倣此雖大眠後喜涼亦可以避其猛風也漸漸變色隨色加減食至純黃則不飼是謂頭眠不以早晚擡過

頭眠擡飼

士農必用擡頭眠蠶眠結嘴不食皮膚退換蠶之一變也別槌上鋪四箔

上下隔塵潤中二箔安蠶用蓐如前薄帶沙㷔揭蠶分如大棊子大布滿中二箔沙㷔厚則蒸蠶生病一復時可六頓次日可漸漸加葉可開捲窗一半初向黄時宜極暖眠定宜暖起齊宜微暖

擡頭眠飽食正食時擡名擡飽食分如小錢大布滿三箔辨色加減食

停眠擡飼

士農必用擡停眠分如小錢微大布滿六箔起齊頭食宜薄一復時可四頓次日可漸加葉辨色加減或全開捲窗

惟避當風窗初向黃時宜暖眠定宜微暖起齊宜溫擡停

眠飽食如前法蠶可撥可摻不須分揭可布滿十二箔然不可高拋遠擲恐損蠶身辨色加減食

大眠擡飼

務本新書大眠起燠宜頻除蠶宜頻飼或西南風起將門窗簾薦放下此際不宜擡解箔上布蠶須相去一指布蠶一箇取臘月所藏菉豆水浸微生芽曬乾磨作細麪臘月所藏白米蒸熟作粉亦可第四頓投食拌葉勻飼解蠶熱毒絲

多易繰堅韌有色如葉少去秋所收桑葉再擣為末水灑新葉微濕摻末拌勻接關飼蠶比食豆麪係本食之物又萵苣亦可接關蠶屋南簷外先所架立搭棚檁柱此時搭蓋士農必用擡大眠分如折二錢大布滿二十五箔起齊投食一復時可三頓第一頓宜薄但可覆白第二頓比前又薄不覆白第三頓如第一頓覆白此三頓食如不短則其蠶至老食慢次日可漸加葉辨色加減頓數可全開捲窗照窗過熱則更劉開窗紙但不至熱則不拘此例初向黃時宜微暖眠定宜溫起齊宜涼落蓐大眠起投食後第六七頓可落蓐全去沙燠蓐草也即是擡飽食可分至三十

箔辨色加減食正食時每飼後可挾葉篚遶槌巡之但見箔上有斑黎處即摻葉補合蠶至大眠後正食時闕一分葉即減一分絲也但見有斑黎處是蠶先食透葉也即當補合不如此則後來多有薄繭也拌米粉臘月內成造者至第七八頓食後于巳午時間將切下葉攤在箔上新水灑拌極勻待少時細羅白粉子拌令極勻每葉一筐用新水一升粉子四兩如無止用新水一筐可飼一箔所有之蠶皆可飼一頓拌葉麪令蠶體充實為繭堅厚為絲堅韌也切葉灑拌新水極勻羅桑麪拌勻于大眠後間飼三五頓假令每頓飼葉二筐今止用一筐減葉一半如蠶盛葉闕大眠後間飼之五頓

亦無妨蠶食不闕不可用擡沙于大眠後飼食第十一二頓間可擡擡如前法全去沙燠不如此則不禁蒸鬱臨老生病難以抽繰蠶欲老飼之宜細薄宜頻養老如養小亦如人老頓食則傷若不如此則食葉不淨其葉蒸濕帶葉入簇所結繭亦濕潤如經鹽水此名簇汗繭難抽繰宜微暖如人老不禁寒涼然不可相度當如天氣涼暖消息斟酌大意比大眠後未老時宜微暖也依撥其法蠶自蟻至老不過二十四五日過此日數愈多桑愈費而絲愈少也

韓氏直說蠶自大眠後十五六頓即老得絲多少全在此數曰葉足則絲多不足則絲少見有老者依抽飼斷眠法飼之候十蠶九老方可就箔上撥蠶入簇如是則無簇汗蒸熱

之患繭必早作硬而多絲養蠶無巧食足便老

養四眠蠶

蠶桑直說此蠶別是一種與養春蠶同但第三眠止擡開十五箔擡飽食二十箔大眠擡三十箔

稙蠶之利

韓氏直說稙蠶疾老少病省葉多絲不惟收卻今年蠶又成就來年桑稙蠶生于穀雨不過二十三四日老方是時桑葉發生津液上行其桑斫去比及夏至夏至後一陰生

津液不上行可長月餘其條葉長盛過于往歲至來年春其葉生又早矣積年既久其葉愈盛蠶自早生

晚蠶之害

韓氏直說晚蠶遲老多病費葉少絲不惟晚卻今年蠶又損卻來年桑世人惟知婪多為利不知趨早之為大利壓覆蠶連以待桑葉之盛其蠶既晚明年之桑其生也尤晚矣

十體

務本新書寒熱饑飽稀密眠起緊慢謂飼時緊慢也

三光

蠶經白光向食青光厚飼皮皺爲饑黄光以漸住食

八宜

韓氏直說方眠時宜暗眠起以後宜明蠶小并向眠宜暖宜暗蠶大并起時宜明宜涼向食宜有風避迎風窗開下風窗宜加葉緊飼新起時怕風宜薄葉慢飼蠶之所宜不可不知反此者必不成矣

三稀

蠶經下蟻上箔入簇

五廣

蠶經一人二桑三屋四箔五簇謂苫席蒿梢等

雜忌

務本新書忌食濕葉　忌食熱葉　蠶初生時忌屋內掃塵　忌煎煿魚肉　不得將煙火紙撚于蠶屋內吹滅　忌側近舂擣　忌敲擊門窗槌箔及有聲之物

忌蠶屋内哭泣叫喚　忌穢語淫辭　夜間無令燈火光忽射蠶屋窗孔　未滿月產婦不宜作蠶母　蠶母不得頻換顏色衣服洗手長要潔淨　忌帶酒人切桑飼蠶及擡解布蠶　蠶生至老大忌煙熏　不得放刀于竈上箔上　竈前忌熱湯潑灰　忌產婦孝子入家

忌燒皮毛亂髮　忌酒醋五辛羶腥麝香等物　士農必用忌當日迎風窗　忌西照日　忌正熱著猛風驟寒　忌正寒陡令過熱　忌不淨潔人入蠶室　蠶

屋忌近臭穢

簇蠶

齊民要術蠶老時值雨者則壞繭宜于屋內簇之薄布薪于箔上散蠶訖又薄以薪覆之一槌得安十箔　務本新書簇蠶地宜高平內宜通風勻布柴草布蠶宜稀密則熱熱則繭難成絲亦難繅東北位并食六畜處樹下阬上糞惡流水之地不得簇野語如天氣暄熱不宜日午簇蠶蠶老不禁日氣曬暴故也　士農必用治簇之方惟在乾暖使內無寒濕

簇中繭病有六一簇汗二落簇三遊走四變赤蛹五變殭六黑色簇汗之病蠶老食葉不淨其葉蒸濕帶葉入簇故繭亦濕潤此為簇汗其餘五病皆地濕天寒所致蠶欲老可簇地盤燒令極乾除掃灰浮于上置簇　韓氏直說安圓簇于阜高處打成簇腳一簇可六箔蠶十分中有九分老者宜少摻葉名上馬桑就箔上用篩箕般去宜款手摻于簇上自東南起頭不令落地務令稀勻上復覆蒿梢或豆䕸復摻蠶如前至三箔復梢倒根在上如此則簇圓又穩自後蠶可近上摻至六箔覆蒿令簇圓上用箔圍苫繳簇頂如亭子樣防雨至晚又用

苫將簇從下繳至上苫相接日出高時捲去至晚復繳三日外繭成不用馬頭簇亦依上苫繳柴薪要廣簇又玲瓏中間宜架杆蠶多宜馬頭簇簇脚宜南北

曬簇上蠶後第三日辰巳時間開苫箔日曬至未時復苫盖如前如當日過熱上搭單箔遮日色

翻簇上蠶時被雨露濕雨纔止纔晴即選一簇地盤如雨濕了則取乾牆土厚覆治簇之法如前不以成繭不成繭翻騰遷移別簇封苫如前小雨則不須但可曬曝又有一法臨簇有雨只于蠶屋中本槌下地面上安簇閑了門窗使透風氣早夜或陰雨變寒則閉門窗添牛糞火比翻簇之法又為妙也又一法槌箔上虛

撒蒿植周圍簇稍與蒿箔苫圍之蠶自作繭猶勝于雨中簇也搘音支

擇繭

務本新書繭宜併手忙擇涼處薄攤蛾自遲出免使抽繰相逼

繰絲

士農必用繰絲之訣惟在細圓勻緊使無褊慢節核接頭為節疣疱為核麄惡不勻也生繭繰為上如人手不及殺過繭鹽慢慢繰殺繭法有三一日曬二鹽浥三蒸蒸最好人多不會日曬損繭鹽浥者穩

熱釜可繰麄絲單繳者雙繳亦可但不如冷盆所繰

者潔淨光瑩也釜要大置于竈上釜上大盆甑接口添水至甑中八分滿甑中用一板攔斷可容二人對繰也繭少者止可用一小甑水須熱宜旋旋下繭多下則繰不及煮損冷盆可繰全繳細絲中等繭可繰雙繳比熱釜者有精神而又堅韌雖曰冷盆亦是大温也盆要大必須先泥其外口徑二尺五寸之上者豫先翻過用長黏泥泥底並四圍至唇厚四指將至唇漸薄日曬乾名為串盆用時添水八九分滿水宜温暖常匀無令乍寒乍熱釜要小口徑一尺以下者小則下繭少繭欲頻下多下則煮過又不匀也突竈半破塼坯圓壘一遭中空直桶子樣其高比繰絲人身一半其圓徑相盆之

大小當中壘一小臺徑比盆底小坐串盆于小臺上其盆要比圓壘高一唇靠元壘安打絲頭小釜竈比圓壘低一半撈火透圓壘竈子後火烟過處名撈火與撈火相對圓壘匝近上開烟突口做一臥突長七八尺已上先于安突一面壘一臺比突口微低又相去七八尺外安一臺高五尺或就用牆或用木爲架子用長一丈椽二條斜磴在二臺上二椽相去闊一塼坯許用塼坯泥成一臥突二椽上平鋪塼坯一層兩邊側立上復平蓋泥了便成一臥突也須與竈口相背謂如竈口向南突口向北是也繅盆居中火衝盆底與盆下臺烟焰遶

盆過烟出臥突中故得盆水常溫又勻也又得烟火與繅盆相遠其繅絲人不為烟火所逼故得安詳也

軖車牀高與盆齊軸長二尺中徑四寸兩頭三寸用榆槐木四角或六角臂通長一尺五寸六角不如四角軖角少則絲易解臂者輻條也或雙輻或單輻雙輻者穩須脚踏又繅車竹筒子宜細細似織絹穩筒子鐵條子串筒兩樁子亦須鐵也兩竪樁子上橫串鐵條鐵條穿筒子既輕又利也不如此則不能成絕妙好絲古人有言工欲善其事必先利其器餘如常法

打絲頭用一人小釜內添水九分滿竈下爇麤乾柴柴細旋添火不勻停候火大熱下繭于熱水內下繭宜少不宜多多則煮過繅絲少用筯輕剔撥令繭滾

轉盪勻挑惹起囊頭𪋿絲頭名囊頭手撚住於水面上輕提掇

數度復提起其囊頭下即是清絲摘去囊頭如重手攢撥囊頭又于手拐子纏數遭可長五七尺將繭上好絲十分中去了二三分實為可惜如輕手剔撥起囊頭長不過一尺也

一手撮撚清絲一手用漏杓綽繭款送入溫水盆內杓底上多鏤眼子為漏杓漏瓢更好

將清絲挂在盆外邊絲老翁上盆邊釘插一橛子名絲老翁

繰絲用一人將絲老翁上清絲約十五絲之上黃絲𪋿減繭數總為一處穿過錢眼錢下繭攢聚名絲窩又名絮盤繳過當頭蛾眉杖子上兩繳杖子下兩繳挂于軠上又取絲老

翁上清絲如前挂于軖上兩箇絲窩其頭齊行右脚踏軖右轉長切照覷撥掠兩絲窩于內有繭絲先盡蛹子沉了者繭絲斷了繭浮出絲窩者其絲窩減小即取清絲約量添加務要兩絲窩大小長均眼專覷手頻撥頻添添不過三四絲頭添則細了多添則麤了如或手添不迭脚慢踏軖其絲較爭麤如或手添得多了脚緊踏軖其絲較爭細手脚相應亦可取勻也添絲搭在絲窩上便有接頭將清絲用指面喂在絲窩內自然帶上去便無接頭也此名全繳絲圓緊無疵纇上等也中作紗羅上等匹段如蛾眉杖上只兩繳名雙繳絲不甚圓緊有小疵纇中等也不中紗羅中中等緞匹如蛾眉杖上只一繳名單繳絲又名歇口絲褊慢有大疵纇不中匹緞只中絹帛亦不堅壯此單絲歇口絲

多只是熱釜中繰也

蒸餾繭法

韓氏直說如蠶成繭硬紋理麤者必繰快此等繭可以蒸餾繰冷盆絲其繭薄紋理細者必繰不快不宜蒸餾此止宜繰熱盆絲其蒸餾之法用籠三扇用軟草扎一圈加于釜口以籠兩扇坐于上其籠不論大小籠內匀鋪繭厚三四指許頻于繭上以手背試之如手不禁熱可取去底扇卻續添一扇在上亦不要蒸得過了過了則軟了絲頭亦不要蒸得不及不及則蛾必鑽了如手背

不禁熱恰得合宜于蠶房槌箔上從頭合籠內繭在上用手微撥動如箔上繭滿打起更攤一箔候冷定上用細柳梢微覆了其繭只于當日都要蒸盡如蒸不盡來日必定蛾出釜湯內用鹽一兩油半兩所蒸繭不致乾了絲頭如餾繭多油鹽旋旋入

夏秋蠶法

齊民要術淮南子曰原蠶一歲再登非不利也然王者法禁之爲其殘桑也　務本新書凡養夏蠶止須些小

以度秋種處恐損壞萌條有悮明年春蠶桑葉今時養熱蠶以紙糊窗因避飛蠅遮蓋往來風氣天晴罨熱病生陰則濕生白醭陰晴俱不便當以紗糊窗陳稈草作薦（紙條先貼紗邊餘紙就糊窗上中間以線繫紗在窗櫺上蠶罷以水潤紙揭下明年再用）或用荻簾（麤麻線繫織）當窗繫定遮蔽飛蠅透脫風氣另闢一房不令雜人出入（決安南北窗）以翦翦葉旦暮擡分兼夜頻飼

秋蠶初生時去三伏猶近暑氣仍存蠶屋多生濕潤正要四通八達風氣往來蓋初生卻要涼快以陳稈草作

蓐勿用麥稭一日一擡失擡多生白醭一眠宜溫再眠如春門窗俱挂薦簾屋內須用無烟熟火大眠全要暄暖大忌北風寒氣勿飼雨露冷葉春秋蠶法首尾顛倒深宜體測　簇蠶時相次秋高恐值夜寒風冷不能作繭可于簇西北埋柱縶椽箔遮禦北風寒氣三兩夜之間便可作繭　士農必用夏蠶此別是一等俗謂三生蠶春養出夏種夏養出秋種秋養出來春種不可開閼閼則絶其種自蟻至老俱宜涼忌蠅蟲先于蠶生前用麥糠擁于蠶房壁脚燒之去濕氣及諸蟲子劈黑後

須一日早晨一擡其餘並與養春蠶同此蠶不可多養止欲收秋蠶種多則損葉然只可科採桑中宂條取葉也

秋蠶一名原蠶將葉不無傷桑春蠶不幸遇天災不得已養之以補歲計然不宜積宜稀也初宜涼漸漸宜暖與養春蠶正相反其間體候須欲得所初可摘葉蠶大則捋葉初用紗糊窗漸漸天寒上復用紙糊留捲窗簇與繰絲法如前要旨熱蠶槌底亦宜用麥糠麥䵃燒之又大路上踏踐起乾壆土收三四石生蠶日于槌底攤平可避暑濕簇秋蠶多于簇心用熟火或致焚燒不若止于吹北風處為簇簇底用麥䵃均鋪簇則用乾桑柴為梢新乾黍䵃為草得自然溫暖之氣不須用火矣經雨則倒簇

農桑輯要卷四

農桑輯要卷五

元　司農司　撰

瓜菜

種瓜（黄瓜附）

齊民要術收瓜子法常歲歲先取本母子瓜截去兩頭止取中央子（本母子者瓜生數葉便結子子復早熟用中輩瓜子者蔓長二三尺然後結子用後輩子者蔓長足然後結子子亦晚熟種早子熟速而瓜小種晚子熟遲而瓜大去兩頭者近蔕子瓜曲而細近

頭子瓜短而喎又收瓜子法食瓜時擇美者收取即以細糠拌之日曝向燥挼而簸之淨而且速也良田小豆底佳黍底次之刈訖即耕頻翻轉之二月上旬種者為上時三月上旬為中時四月上旬為下時五月六月上旬可種藏瓜凡種瓜法先以水淨淘瓜子以鹽和之鹽和則不能死先臥鋤耬卻燥土不耬者坑雖深大常雜燥土故瓜不生然後掊蒲溝切坑大如斗口納瓜子四枚大豆三箇於堆旁向陽中瓜生數葉掐去豆瓜性弱苗不能獨生故須大豆為之起土瓜生不去豆則豆反扇瓜不得滋茂但豆斷汁出更成良潤勿拔之拔之則土虛燥也多鋤則饒子不鋤

則無實五穀蔬菜果蓏之屬皆如此也蓏郎果反黄瓜一名胡瓜四月中種之宜豎柴木令因蔓緣之案黄瓜一條原本誤入治瓜籠法中據目錄小註考之當在此條之末今校正

治瓜籠法

齊民要術曰起露未解以杖舉瓜蔓散灰于根下後一兩日復以土堆其根則永無蟲矣又摘瓜法在步道上引手而取勿聽浪人踏瓜蔓及翻覆之若無茇而種瓜者地雖美好正得長苗直引無多槃岐故瓜少子若無茇處豎乾柴亦得凡瓜所以早爛者皆由腳蹦及摘時不慎翻動其蔓故也若以理慎護及至霜下葉乾子乃盡矣

區種瓜法

齊民要術六月雨後種菉豆八月中犂掩殺之十月又一轉即十月終種瓜率兩步為一區坑大如盆口深五寸以土壅其畔如菜畦形坑底必令平正以足蹹之令其保澤以瓜子大豆各十枚徧布坑中（瓜子大豆兩物為雙藉其起土故也）以糞五升覆之（亦令均平）又以土一斗薄散糞上復以足微蹋之冬月大雪時速併力推雪於坑上為大堆至春草生瓜亦生莖葉肥茂異於常者且常有潤澤旱亦無害五月瓜便熟（其掐豆鋤瓜之法與常同若瓜子盡生則大概宜掐去之一區四根即足矣）

又法冬天以瓜子數枚納熟牛糞中凍即拾聚置之陰地（量地多少以足為限）正月地釋即耕逐暘布之率方一步下一寸糞耕土覆之肥茂早熟雖不及區種亦勝凡瓜遠矣有蟻者以牛羊骨帶髓者置瓜科左右待蟻附將棄之棄二三則無蟻矣（案此條首行原本脫去齊民要術書名今校增）崔寔曰十二月臘時祀炙萐（所甲切）樹瓜田四角去𧐢（胡濫反瓜中蟲謂之𧐢）

龍魚河圖曰瓜有兩鼻殺人

博聞錄種花藥最忌麝瓜尤忌之騰栽數株蒜薤遇麝不損

西瓜

新添西瓜種同瓜法科宜差稀多種者熟地墢頭上漫擲撈平苗出之後根下擁作土盆欲瓜大者一步留一科科止留一瓜餘蔓花皆掐去瓜大如三斗栲栳

冬瓜

齊民要術種冬瓜法傍牆陰地作區圓二尺深五寸以熟糞及土相和正月晦日種（二月三月亦得）既生以柴木倚牆令其緣上旱則澆之八月斷其梢減其實一本但留五

六枚多留則不成也十月霜足收之早收則爛冬瓜越瓜瓠子十月區種如種瓜法冬則推雪著區上為堆潤澤肥好乃勝春種

瓠今名葫蘆古通曰瓠

齊民要術氾勝之書曰區種瓠法收種子須大者若先受一斗者得收一石受一石者得收十石先掘地作坑方圓深各三尺用蠶沙與土相和令中半若無蠶沙生牛糞亦得著坑中足躡令堅以水沃之候水盡即下瓠子十顆復

以前糞覆之既生長二尺餘便總聚十莖一處以布纏之五寸許復用泥泥之不過數日纏處便合為一莖留强者餘悉掐去引蔓結子子外之條亦掐去之勿令蔓延　留子法初生二三子不佳去之取第四五六區留三子即足旱時須澆之坑畔周匝小渠子深四五寸以水渟之令其遙潤不得坑中下水　家中法曰二月可種瓜瓠　四時類要種大葫蘆二月初掘地作坑方四五尺深亦如之實填油麻菉豆藁稭同及爛草等一重糞

土一重草如此四五重向上尺餘著糞土種十來顆子待生後揀取四莖肥好者每兩莖肥好者相貼著相貼處以竹刀子刮去半皮以刮處相貼用麻皮纏縛定黃泥封裹一如接樹之法待相著活後各除一頭又取所活兩莖準前刮去皮相著一如前法待活後唯留一莖四莖合為一本待著子揀取兩箇周正好大者餘有旋旋除去食之如此一斗種可變為盛一石物大此莊子魏惠王大瓠之法

芋

齊民要術氾勝之書曰種芋區方深皆三尺取豆萁音其豆萁內區中足踐之厚尺五寸取區上濕土與糞和之內區中萁上令厚尺二寸以水澆之足踐令保澤取五芋子置四角及中央足踐之旱數澆之萁爛芋生子皆長三尺一區收三石 又種芋法宜擇肥緩土近水處和柔糞之二月注雨可種芋率二尺下一本芋生根欲深劚其旁以緩其土旱則澆之有草鋤之不厭數多治芋

如此其收常倍　列仙傳曰酒客為梁丞使民益種芋三年當大飢卒如其言梁民不死芋可以救饑饉度凶年今中國多不以此為意後生至有耳目所不聞見者及水旱風蟲霜雹之災便致餓死滿道白骨交橫知而不種坐致泯滅悲夫

務本新書芋宜沙白地地宜深耕二月種為上時相去六七寸下一芋芋蓋三月眾人來往眼目多見并聞刷鍋聲處多不滋息比及炎熱苗高則旺頻鋤其旁秋生子葉以土壅其根芋可以救饑饉蟲蝗不能傷霜後收之冬月食不發病其餘月分不可多食霜後芋子上

芋白擘下以潦漿水煠過曬乾冬月炒食味勝蒲笋

區芋區長丈餘深闊各一尺區行相間一步寬則透風滋息

葵

齊民要術葵廣雅曰蘬邱葵也廣志曰胡葵其花紫赤案今世葵有紫莖白莖二種種別復有大小之殊又有鴨腳葵也臨種時必燥曝葵子葵子雖經歲不浥然濕種者疥而不肥也地不厭良故虛彌善薄即糞之不宜妄種春必畦種水澆春多風旱非畦不得且畦者省地而菜多一畦供一口畦長兩步廣一步大則水難均又

（不容人足入）深掘以熟糞對半和土覆其上令厚一寸鐵齒杷耬之令熟足蹋使堅平下水令徹澤水盡下葵子又以熟糞和土覆其上令厚一寸餘葵生三葉然後澆之（澆用晨夕日中便止）每一掐輒杷耬地令起下水加糞三掐更種一歲之中凡得三輩（凡畦種之物治畦皆如種葵法不復條列繁文）早種者必秋耕十月末地將凍散子勞之（一畝三升正月末散子亦得）人足踏践之乃佳（踏者菜肥）地釋即生鋤不厭數五月初更種之（春者既老秋葉未生故種此相接）六月一日種白莖秋葵（白莖者宜乾紫莖者乾則黑而

澀秋葵堪食仍留五月種者取子〔春葵子熟不均故須留中輩〕於此時附地翦卻春葵令根上枿〔音蘖〕生者柔輭至好仍供常食美于秋菜〔留之亦中為榜簇〕掐秋葉必留五六葉〔不掐則莖孤留葉則科大〕凡掐葵必待露解〔諺曰觸露不掐葵日中不翦韭〕八月半翦去〔留其歧歧多者則去地一二寸獨莖者亦可去地四五寸〕枿生肥嫩比至收時高與人膝等莖葉皆美科雖不高菜實倍多〔其不翦早生者雖高數尺柯葉堅硬全不中食所可用者唯有葉心附葉黃澀至惡著亦不美看雖似多其實倍少〕收待霜降〔傷早黃爛傷晚黑澀〕榜簇皆須陰中〔見日亦澀〕其碎者割訖即地中尋手亂之

待萎而亂者必爛崔寔曰六月六日可種葵中伏後可種冬葵九月作葵菹乾葵

茄子

齊民要術種茄子法茄子九月熟時摘取擘破水淘子取沈者速曝乾裹至二月畦種治畦下水一如葵法性宜水常須潤澤著四五葉雨時合泥移栽之若旱無雨澆水令徹澤夜栽之白日以席蓋勿令見日十月種者如區種瓜法推雪著區中則不須栽其春種不作畦直如種凡瓜法者亦得惟須曉夜數澆耳

務

本新書茄初開花斟酌窠數削去枝葉再長晚茄秋深老茄煮軟水浸去皮以鹽拌勻冬月食用旋添麻油為上

蔓菁

齊民要術種不求多惟須良地故墟新糞壞牆垣乃佳若無故墟糞者以灰為糞令厚一寸灰多則燥不生也耕地欲熟七月初種之一畝用子三升從處暑至八月白露節皆得早者作菹晚者作乾漫散而勞種不用濕濕則地堅葉焦既生不鋤九月末收葉晚收則黃落仍留根取

子十月中黎麤畊（力輟反耕田起土也）拾取耕出者（若不耕畊則留者英不茂實不繁也）其葉作葅擬作乾菜及蘘（女亮反）葅者（蘘葅者次年正月始作耳須留第一好菜擬之）劚訖則尋手擇治而辮（並善切）之勿待萎（萎而後辮則爛）挂著屋下陰中風涼處勿令煙熏（煙熏則苦）燥則止在廚積置以苫之（積時宜候天陰潤不爾多碎折久不苫則澀也）春夏畦種供食者與畦葵法同翦訖更種從春至秋得三輩常供好葅取根者用大小麥底六月中種十月將凍耕出之（一畝得數車早出者根細）又多種蔓菁法近市良田一頃七月初種之（六月

種者根雖麤大葉復蟲食七月末者葉雖膏潤根復細小七月初種根葉俱得漢桓帝詔曰橫水為災五穀不登令所傷郡國皆種蔓菁以助民食然此可以度凶年救饑饉乾而蒸食既甜且美若值凶年一頃可活百人

務本新書耕地宜加糞往復勻蓋秋初可種自破甲至結子皆可食十月初採苗煠作和菜餘者曬過留根在地或慮河朔地寒凍死可于十月終以牛隔兩犂耕一犂拾去菜根之後卻將暘土擺勻據先耕出之數曬過冬月蒸食甜而有味春生臺苗亦菜中上品四月

收子打油陝西惟食菜油燃燈甚明能變蒜髮比芝麻易種收多油不發風武侯多勸種此菜故川蜀曰諸葛菜油臨時熬用少摻芝麻煉熟即與小油無異

蘿蔔 胡蘿蔔附

齊民要術種菘蘆菔蒲北反法與蔓菁同菘菜似蔓菁而大方言曰蕪菁紫花者謂之蘆菔根實麤大其角及根葉並可生食取子者草覆之不則凍死

四時類要種蘿蔔宜沙輭地五月犁五六徧六月六日種鋤不厭多稠即小間拔令稀至十月收窖之

新添種蘿蔔先深

斸成畦杷平每畦可長一丈二尺闊四尺用細熟糞一擔匀布畦内再斸一徧即起覆土再耬平澆水滿畦候水滲盡撒種于上用木杴匀撒覆土苗出兩葉旱則澆之每子一升可種二十畦水蘿蔔正月二月種六十日根葉皆可食夏四月亦可種大蘿蔔初伏種之水蘿蔔末伏種皆候霜降或醃或藏皆得用如要來年出種深窖内埋藏中安透氣草一把至春透芽生取出作壠或畦下糞栽之旱則澆須令得所夏至後收子可為秋種

胡蘿蔔伏内畦種或壯地漫種

蜀芥芸薹芥子

齊民要術蜀芥芸薹取葉者皆七月半種地欲糞熟種法與蕪菁同既生亦不鋤之十月收蕪菁訖時收蜀芥（中為鹹淡二菹亦任為乾菜）芸薹足霜乃收（不足霜即澀）種芥子及蜀芥芸薹取子者皆二三月好雨澤時種（二物性不耐寒經冬則死故須春種）旱則畦種水澆五月熟而收子（芸薹冬天草覆亦得取子又得生茹供食）

務本新書芥子菜宜秋前種大槩雖不及蔓菁餘亦頗

同子作芥花芥末如近城郭芥菜宜多種蓋冬月醃藏家家用度曬乾于無煙雨處架起三年亦可食

薑

齊民要術薑宜白沙地少與糞和熟耕如麻地不厭熟縱横七徧尤善三月種之先種耬耩尋壟下薑一尺一科令上土厚三寸數鋤之六月作葦屋覆之不耐寒熱故九月掘出置屋中中國多寒宜作窖以穀稈合埋之稈奴勒反穀穰中國土不宜薑僅可存活勢不可滋息種者聊擬藥物小小耳 崔

實曰三月清明節後十日封生薑至四月立夏後蠶大食芽生可種之九月藏茈將几反薑其歲若溫皆待十月生薑謂之茈薑

四時類要種薑闊一步作畦長短任地形橫作壠相去一尺餘五六寸壠中一尺一科帶芽大如三指闊蓋土厚三寸以蠶沙蓋之糞亦得芽出後有草即耘漸漸加土已後壠中卻高壠外即深不得併上土鋤不厭頻

菌子

四時類要三月種菌子取爛構一名楮木及葉於地埋之常以泔澆令濕三兩日即生　又法畦中下爛糞取構木可長六七寸截斷磓碎如種菜法於畦中匀布土蓋水澆長令潤如初有小菌子仰杷推之明旦又出亦推之三度後出者甚大即收食之本自構木食之不損人

蒜

齊民要術蒜宜良輭地白軟地蒜甜美而科大黑軟次之剛强之地辛辣而瘦小也三徧熟耕九月初種種法黃䵃時以耬耩逐壠手下之

五寸一株諺云左右通鋤一萬餘株空曳勞二月半鋤之令滿三徧勿以無草而不鋤不鋤則科小條拳而軋之不軋則獨科葉黃鋒出則辮於屋下風涼之處桁之早出者皮赤科堅可以遠行晚則皮皺而易碎皺他骨反皮壞也冬寒取穀得布地一行蒜一行得不爾則凍死收條中子種者一年為獨辮種二年者則成大蒜科皆如拳又逾于凡蒜矣瓦子壠底置獨辮蒜於瓦上以土覆之蒜科橫潤而大形狀殊別亦足以為異今并州無大蒜朝歌取種一歲之後還成百子蒜矣其辮粗細正與條中子同蕪菁根其大如椀口雖種他州子一年亦變大蒜辮變小蕪菁根變大二事相反其理難推又八月中方得熟九月中始刈得花子至于五穀蔬果與餘州早

晚不殊亦一異也并州豌豆度井陘巳東山東穀子入壺關上黨苗而無實皆余目所親見非信傳疑蓋土地之異者也

種澤蒜法預耕地熟時採取子漫散勞之澤蒜可以香食吳人調鼎率多用此根葉作葅更勝葱韭此物蕃息一種永生蔓延滋曼年年稍廣閒區斸取隨手還合但種數畝用之無窮種者地熟美於野生　崔實曰布穀鳴收小蒜六月七月可種小蒜八月可種大蒜

四時類要種蒜作行下糞水澆之　務本新書蒜畦栽每窠先下麥糠少許地宜虛春暖則鋤拔薹時頻澆

劙麥時人多食解暑毒

䪥薤同

齊民要術薤宜白軟良地三轉乃佳二月三月種八月九月種亦得率七八支為一本諺曰蔥三蒜四移蔥者三支為一本種薤者四支為一科然支多者科圓大故以七八為率薤子三月葉青便出之未青而出者肉未滿令薤瘦燥曝挼去莩餘切却彊根留彊根而濕者即瘦細不得肥也先重耬耩地壠燥掊而種之壠燥則薤肥耩重則白長率一尺一本葉生即鋤鋤不厭數薤性多穢荒則羸瘦五月鋒八月初耩不耩則白短葉不用

翦（翦則損白供常食者別種）九月十月出賣（經久不佳也）擬種子至春地釋即曝之

崔寔曰正月可種薤韭七月別種薤矣

四時類要正月上辛日掃去薤畦中枯葉下水加糞

葱

齊民要術收葱子必薄布陰乾勿令浥鬱（葱性熱不喜浥鬱浥鬱則不生）其擬種之地必須春種菉豆五月掩殺之比至七月耕數徧一畝用子四五升（良田五升薄地四升）炒穀拌和之（葱子性澀不以穀和下不均調不炒穀則草穢生）兩耬重耩竅瓠下之以批（蒲結反）契

蘇結反繫腰曳之七月納種至四月始鋤鋤徧仍翦翦與地平高留則無葉深翦則傷根翦欲旦起避熱時良地三翦薄地再翦八月止不翦則不茂翦過則根跳若八月不止則蔥無袍而損白十二月盡掃去枯葉枯袍不去枯葉春葉則不茂二月三月出之良地二月出薄地二月出收子者別留之蔥中亦種胡荽尋手供食乃至孟冬為葅亦不妨

四時類要種蔥炒穀擺勻塞耬一眼於一眼中種之他月蔥出取其塞耬一眼之地中土培之疏密恰好又不勞移

韭

齊民要術收韭子如葱子法若市中買韭子宜試之以銅鐺盛水于火上微煮韭子須臾芽生者好芽不生者是浥鬱矣治畦下水糞覆悉與葵同然畦欲極深韭一翦一加糞又根惟上跳故須深也二月七月種種法以升盞合地為處布子于圍內韭性內生不向外長圍種令科成薅令常淨韭性多穢數薅為良高數寸翦之初種歲止一翦至正月掃去畦中陳葉凍解以鐵杷耬起下水加熟糞韭高三寸便翦之翦如葱法一歲之中不過五翦每翦杷耬下水加糞悉如初收子者一翦即留

之若旱種者但無畦與水耳杷糞悉同一種永生諺曰韭者懶人菜以其不須歲種也聲類曰韭者久也一種永生　崔寔曰正月上辛日掃除韭畦中枯葉七月藏韭菁菁韭花也　四時類要九月收韭子種韭第一番割棄之主人勿食韭不如栽作行令通鋤割一徧以杷耬之令根不相接為佳如此當葉闊如薤　博聞録韭畦若用雞糞尤好

胡荽

齊民要術胡荽宜黑軟青沙良地三徧熟耕樹陰下得禾豆處亦

得

春種者用秋耕地開春凍解地起有潤澤時急接澤種之種法近市負郭田一畝用子二升故概種漸鋤取賣供生菜也外舍無市之處一畝用子一升疏密正好六七月種先燥曬欲種時布子於堅地一升子與一掬濕土和之以腳蹉令破作兩段多種者以磚瓦蹉之亦得以木礱礱之亦得子有兩仁仁仁各著故不破兩段則疏密水裛而不生著土者令注入殼中則生疾而長速種時欲燥此菜非雨不生所以不求濕下也於旦暮潤時以耬耩作壟以手散子即勞令平春雨難期必須藉澤蹉跎失機則不得矣地正月中凍解者時節既早雖浸芽不生但燥種之不須

浸子地若二月始解者歲月稍晚恐澤少不時生失歲計矣便於暖處籠盛胡荽子一日三度以水沃之二三日則芽生於旦暮時接潤漫擲之數日悉出矣大體與種麻相似假令十日二十日未出者亦勿怪之尋自當出有草乃令拔之菜生二三寸鋤去穊者供食及賣十月足霜乃收之取子者仍留根間古覓反拔令稀穊即不生以草覆上覆者得供生食又不凍死又五月子熟拔取曝乾勿使令濕濕則裛鬱格柯打出作蒿篅盛之冬日亦得入窖夏還出之但不濕亦得五六年停一畝收十石都邑糶賣石堪一疋絹若地柔良不須重加耕墾者於子熟時好子稍有零落者然後

拔取直深細鋤地一徧勞令平六月連雨時穭音呂生者亦尋滿地省耕種之勞秋種者五月子熟拔去急根十餘日又一轉入六月又一轉令好調熟如麻地即於六月中旱時耬耩作壟蹉子令破手散還勞令平一同春法但既是旱種不須耬潤此菜旱種非連雨不生所以不同春月要求濕下種後未遇連雨雖一月不生亦勿怪麥底地亦得種止須急耕調熟雖名秋種會在六月六月中無不霖遇連雨生則根强科大七月種者雨多

亦得雨少則生不盡但根細科小不同六月種者便十倍失矣大都不用觸地濕生高數寸鋤去穊者供食及賣作菹者十月足霜乃收一畝兩載載直絹三匹若留冬食者以草覆之得竟冬食其有春種小小供食者自可畦種畦種者一如葵法擲子沃水生芽種之（晝用箔蓋夜則去之晝不蓋熱不生夜不去蟲棲之）凡種菜子難生者皆水沃令芽生無不即生矣

博聞録胡荽必用月晦日晚下種

菠薐（一名赤根）

博聞録菠菜過月朔乃生須二十七八間種之月初即生　新添菠薐作畦下種如蘿蔔法春正月二月皆可種逐旋食用食不盡者滾湯内掠熟曬乾遇園枯時温水浸軟調食甚良秋社後二十日種者可於窨内収藏冬季常食青菜如欲出子十月内種訖至地凍時水渰過來年夏至後収子可為秋種

萵苣

新添萵苣作畦下種如前法但可生芽先用水浸種一

日於濕地上鋪襯置子於上以盆椀合之候芽微出則種春正月二月種之可為常食秋社前一二日種者霜降後可為醃菜如欲出種正月二月種之九十日收

同蒿

新添同蒿作畦下種亦如前法春二月種可為常食秋社前十日種可為秋菜如欲出種春菜食不盡者可為子

人莧

新添人莧作畦下種亦如前法但五月種之園枯則食如欲出種留食不盡者八月收子

藍菜

務本新書二月畦種苗高剝葉食之剝而復生刀割則不長加火煮之以水淘浸或炒爁或拌食或包酸餡或捲餅生食頗有辛味五月園枯此菜獨茂故又曰主園菜食至冬月以草覆其根四月終結子可收作末此芥末根又生葉又食一年陝西多食此菜若中人之家但能

自種三兩畦藍菜并一二畦韭周歲之中甚省菜錢

莙薘

新添莙薘作畦下種亦如蘿蔔法春二月種之夏四月移栽園枯則食如欲出子留食不盡者地凍時出於暖處收藏來年春透可栽收種

蘭香 香菜附

齊民要術蘭香羅勒也中國為石勒諱故改今人因以名焉且蘭香之目羨于羅勒之名故即而用之三月中候棗葉始生乃種蘭香早種者徒費子耳天寒不生治畦

下水一同葵法及水散子訖水盡簁熟糞僅得蓋子便止厚則不生弱苗故也晝日箔蓋夜即去之晝日不用見日夜須受露氣生即去箔常令足水六月連雨拔栽之掐心栽泥中亦活作葅及乾者九月收晚即乾惡作乾者天晴時薄地刈取布地曝之乾乃挼取末甕中盛須則取用拔根懸者裛爛又有雀糞塵土之患取子者十月收自餘雜香菜不列者種法悉與此同

博物志曰燒馬蹄羊角成灰春散著濕地羅勒乃生

博聞錄香菜常以洗魚水澆之則香而茂溝泥水米泔尤佳

荏蓼

齊民要術荏蓼紫蘇薑芥薰葉與荏同時宜畦種三月可種荏蓼荏子白者良黃者不美荏性甚易生蓼尤宜水畦種也荏則隨宜園畔漫擲便歲歲自生矣荏子秋末成可收蓬於醬中藏之蓬荏角也實成則惡其多種者如種穀法雀甚嗜之必須近人家種蓺收子壓取油可以煮餠荏油色綠可愛其氣香美煮餠亞胡麻油而勝麻子脂膏麻子脂膏並有腥氣然荏油不可為澤焦人髮研為羮臛美於麻子遠矣又可以為燭良地十石多種博穀則倍收諸田不同為帛煎油彌佳荏油性淳塗帛勝麻油蓼作菹者長二寸則翦絹袋盛

沈於醬甕中又長更翦常得嫩者若待秋子成而落莖既堅硬葉又枯燥取子者俟實成速收之性易彫零晚則落盡五月六月中蓼可為韲以食莧

芹𧂇其呂反苦𧂇江東呼苦蕒

齊民要術芹𧂇收根畦種之常令足水尤忌潘普官切淅米汁也泔及鹹水澆之則死性易繁茂而甜脃勝野生者白𧂇尤宜糞歲歲可收

甘露子

務本新書白地内區種暑月以麥糠蓋之承露滋息

豆豉

四時類要六月造豆豉黑豆不限多少三二斗亦得淨淘宿浸漉出瀝乾蒸之令熟于簟上攤候温如人體蒿覆一如黄衣法三日一看候黄衣上徧即得又不可太過簸去黄曝乾以水浸拌之不得令太濕又不得令太乾但以手捉之使汁從指間出為候安甕中實築桑葉覆之厚可三寸以物蓋甕口密泥于日中七日開之曝

乾又以水拌卻入甕中一如前法六七度候好顏色即蒸過攤卻火氣又入甕中實築之封泥即成矣

麩豉

四時類要六月造麩豉麥麩不限多少以水勻拌熟蒸攤候温如人體蒿艾罨取黃衣徧出攤曬令乾即以水拌令浥浥卻入缸甕中實捺安於庭中倒合在地以灰圍之七日外取出攤曬若顏色未深又拌依前法入甕中色好為度色好後又蒸令熱及熱入甕中築泥卻以

冬取喫溫暖勝豆豉捺乃過切搦也

果實

種梨插梨附

齊民要術種者梨熟時全埋之經年至春地釋分栽之多著熟糞及水至冬葉落附地刈殺之以炭水燒頭二年即結子若椔生及種而不栽者則著子遲每梨有十許子惟二子生梨餘皆生杜插者彌疾插法用棠杜棠梨大而細理杜次之桑梨大惡棗石榴上插得者為上梨雖治十收得一二也杜如臂已上皆任插常先種杜經年後插之至冬俱下亦得然俱下者杜死則不生

也杜樹大者插五枝小者或三或二梨葉微動為上時將欲開莩為下時先作麻紉（汝珍反）纏十許匝以鋸截杜令去地五六寸（不纒恐插時皮披留杜高者梨枝繁茂遇大風則披其高留杜者梨樹早成然宜作蒿箄盛杜以土築之令沒風時以籠盛梨免披耳）斜攕（所咸反）竹為籤刺皮木之際令深一寸許折取其美梨枝陽中者（陰中枝則實少）長五六寸亦斜攕之令過心大小長短與籤等以刀微劃梨枝斜攕之際剝去黑皮（勿令傷青皮青皮傷則死）拔去竹籤即插梨令至劃處木邊向木皮還近皮插訖以綿莫（幕同）杜頭封

熟泥於上以土培覆令桑枝僅得出頭以土擁四畔當桑上沃水水盡以土覆之勿令堅固百不失一（桑枝甚脆培土時宜慎之勿使掌撥掌撥則折）其十字破杜者十不收一（所以然者木裂皮開虛燥故也）桑既生杜旁有葉出輒去之（不去勢分桑長必遲）凡插桑園中者用旁枝庭前者中心（旁枝樹下易收中心上聳不妨）用根蒂小枝樹形可喜五年方結子鳩腳老枝三年即結子而樹醜（吳氏本草曰金創乳婦不可食桑桑多食則損人非補益之物產婦蓐中及痰病未愈食桑多者無不致病欬逆氣上者尤宜慎之）凡遠道取桑枝者下根即燒三四寸亦可行數百里猶生

藏梨法

齊民要術初霜後即收霜多則不得經夏也於屋下掘作深窨阬底無令潤濕收梨置中不須覆蓋便得經夏摘時必令好接勿令損傷凡醋梨易水熟煮則甘美而不損人也案此條首行原本脫去齊民要術書名今校增

桃櫻桃蒲萄附

齊民要術種法熟時合肉全埋糞地中直置凡地則不生生亦不茂桃性早實三歲便結子故不求栽也至春既生移栽實地若仍處糞中則實小而味苦

栽法以鍬合土掘移之桃性易種難栽若離本土率多死故須然矣又種法桃熟時於牆南陽中暖處深寬為阬選取好桃數十枚擘取核即納牛糞中頭向上取好爛糞和土厚覆之令厚尺餘至春桃始動時徐徐撥去糞土皆應生芽合取核種之萬不失一其餘以熟糞糞之則益桃味桃性皮急四年以上宜以刀豎劚其皮不劚者皮急則死七八年便老老則子細十年則死是以宜歲歲常種之又法候其子細便附土斫去枿上生者便為少桃如此亦無窮也枿櫱同

櫻桃二月初山中取栽陽中者還種

陽地陰中者還種陰地若陰陽易地則難生生亦不實此果性生陰地既入園囿便是陽中故多難得生宜堅實之地不可用虛糞也

蒲萄蔓延性緣不能自舉作架以承之葉密陰厚可以避熱十月中去根一步許掘作坑收卷蒲萄悉埋之近枝莖薄安黍穰彌佳無穰直安土亦得不宜濕濕則冰凍二月中還出舒而上架性不耐寒不埋則死其歲久根莖粗大者宜遠根作坑勿令莖折其坑外處亦掘土并穰培覆之

博聞録蒲萄宜栽棗樹邊春間鑽棗樹作一竅引蒲萄枝從竅中過蒲萄枝長塞滿竅子斫去蒲萄根托棗根以生其肉實如棗北地皆如此種

李

齊民要術李性耐久樹得三十年老雖枝枯子亦不細

嫁李法正月一日或十五日以甎石著李樹岐中令實繁 又法臘月中以杖微打歧間正月晦日復打之亦足子也 李樹桃樹並欲鋤去草穢而不用耕墾（耕則肥而無實樹下犂撥亦死） 桃李大率方兩步一根（太概連陰則子細而味亦不佳）

梅杏

齊民要術栽種與桃李同 作白梅梅子酸核初成時

摘取夜以鹽汁漬之晝則日曝凡作十宿十浸十日便成矣調鼎和韲所在多入也　作烏梅亦以梅子核初成時摘取籠盛於突上熏之令乾即成矣烏梅入藥不任調食也　作杏李麨法杏李熟時多收取盆中研之生布絞取濃汁塗盤中日曬乾以手磨刮取之可和水為漿及和米麨所在多入也　四時類要熟杏和肉埋糞土中至春既生三月移栽實地既移不得更於糞地必致少實而味苦移須含土三步一樹概即味甘服食

之家尤宜種之

柰林檎

齊民要術柰林檎不種但栽之種之雖生而味不成取栽如壓桑法此果根不浮薉栽故難求是以須壓也又法栽如桃李法林檎樹以正月二月中反斧斑駮椎之則饒子

棗 附㮕棗

齊民要術常選好味者留栽之候棗葉始生而移之棗性硬故生晚栽早者堅垎生遲也三步一樹行欲相當地不耕也欲令牛馬履

踐令淨棗性堅強不宜苗稼是以不耕荒穢則蟲生所以須淨地堅饒實故宜踐也正月一日日出時反斧斑駮椎之名曰嫁棗不椎則花而無實斫則子萎而落也候大蠶入簇以杖擊其枝間振去狂花不打花繁實不成全赤即收　收法日日撼而落之為上半赤而收者肉未充滿乾則色黃而皮皺將赤味亦不佳全赤不收久則皮破復有烏鳥啄之

㮕音軟棗陰地種之陽中則少實足霜色殷然後收之早收者澀不任食也

作酸棗麨法多收紅軟者箔上日曝令乾大釜煮之水僅足淹一沸即漉出盆研之生布絞取濃汁塗盤上或盆中

盛暑日曝使乾漸以手摩挲取為末以方寸匕投於一椀水中酸甜味足即成好漿遠行用和米麨饑渴得當也

栗 附榛

齊民要術栗種而不栽栽者雖生尋死矣栗初熟時出殼即於屋裏埋著濕土中埋必須深勿令凍徹若路遠者以韋囊盛之停二日已上見風日者則不生復至春二月悉芽生出而種之既生數年不用掌近凡新栽之樹皆不用掌近栗性尤甚也三年內每到十月常須草裏至二月

乃解不裹則凍死　大戴禮夏小正曰八月栗零而後取之
不言剥之　榛齊民要術栽種與栗同　周官注曰榛
似栗而小說文曰榛似梓實如小栗衛詩曰山有蓁詩
義疏云蓁栗屬或從木有兩種其一種大小枝葉皆如
栗其子形似杼子味亦如栗所謂樹之榛栗者其一種
枝莖如木蓼葉如牛李色生高丈餘其核中悉如李作
胡桃味膏又美亦可食噉漁陽遼代上黨皆饒其枝莖
生樵爇燭明而無煙

柹

齊民要術柹有小者栽之無者取枝於楔棗根上插之如插梨法

安石榴

齊民要術栽石榴法三月初取枝大如手大指者斬令長一尺半八九枝共為一科燒下頭二寸不燒則漏汁矣握圓阬深一尺七寸口徑尺豎枝於阬畔環圓布枝令匀調也置枯骨礓石於枝間骨石是樹性所宜下土築之一重土一重骨石平

坎止其土令没枝頭一寸許也水澆常令潤澤既生又以骨石布其根下則科圓滋茂可愛若孤根獨立者雖生亦不佳十月中以蒲藁裹而纏之不裹則凍死也二月初乃解放若不能得多枝者取一長條燒頭圓屈如牛拘而橫埋之亦得然不及上法根彊早成其拘中亦安骨石其斸根栽者亦圓布之安骨石於其中也

木瓜

齊民要術木瓜種子及栽皆得壓枝亦生栽種與桃李

同　務本新書木瓜秋社前後移栽至次年率多結子遠勝春栽

銀杏

博聞録銀杏有雌雄雄者有三稜雌者有二稜須合種之臨池而種照影亦能結實　新添春分前後移栽先掘深阬下水攪成稀泥然後下栽子掘取時連土封用草或麻繩纏束則不致碎破土封

橙

新添西川唐鄧多有栽種成就懷州亦有舊日橙樹北地不見此種若於附近地面訪學栽植甚得濟用 柑與橙同

橘

新添西川唐鄧多有栽種成就懷州亦有舊日橘樹北地不見此種若於附近地面訪學栽植甚得濟用

櫨子

新添西川唐鄧多有栽種成就北地不見此種若於附

近地面訪學栽植甚得濟用

諸果

齊民要術崔寔曰正月自朔暨晦可移諸樹雜木唯有果實者及望而止望謂十五日過十五日則果少實食經云種名果法三月上旬斫取直好枝如大拇指長五尺類要云一尺五寸内著芋頭中種之無芋大蕪菁根亦可類要云蘿蔔亦得勝種核核三四年乃如此大耳可得行種　凡五果正月一日雞鳴時把火徧照其下則無蟲災　博聞録

柳子厚郭槖駝傳所種樹或移徙無不活且碩茂早實以蕃有問之對曰凡植木之性其本欲舒其培欲平其土欲故其築欲密既然已勿動勿慮去不復顧其蒔也若子其置也若棄則其天者全而其性得矣他植者則不然根拳而土易其培之也若不過焉則不及苟有能反是者則又愛之太恩憂之太勤旦視而暮撫已去而復顧甚者爪其膚以驗其生枯搖其本以觀其疏密而木之性日以離矣雖曰愛之其實害之雖曰憂之其實

雛之故不我若也　凡木皆有雌雄而雄者多不結實可鑿木作方寸穴取雌木填之乃實以銀杏雄樹試之便驗社日以杵舂百果樹下則結實牢不實者亦宜用此法果木有蟲蠹者用杉木作釘塞其穴蟲立死樹木有蟲蠹以芫花納孔中或納百部葉　歲時廣記遯齋閒覽凡果木久不實者以祭社餘酒灑之則繁茂倍常用人髮挂枝上則飛鳥不敢近結實時最忌白衣人過其下則其實盡落

接諸果

四時類要正月取樹本大如斧柯及臂者皆堪接謂之樹砧砧若梢大即去地一尺截之若去地近截之則地力大壯矣夾煞所接之木梢即去地七八寸截之若砧小而高截則地氣難應須以細齒鋸截鋸齒粗即損其砧皮取快刀子於砧緣相對側劈開令深一寸每砧對接兩枝候俱活即待葉生去一枝弱者所接樹選其向陽細嫩枝如筋粗者長四寸許陰枝即少實其枝須兩

節兼須是二年枝方可接接時微批一頭入砧處插砧緣劈處令入五分其入須兩邊批所接枝皮處插了令與砧皮齊切令寬急得所寬即陽氣不應急則力大夾煞全在細意酌度插枝了別取本色樹皮一片長尺餘闊三二分纏所接樹枝并砧緣瘡口恐雨水入纏訖即以黃泥泥之其砧面并枝頭并以黃泥封之對插一邊皆同此法泥訖仍以紙裹頭麻纏之恐其泥落故也砧上有葉生即旋去之乃以灰糞擁其砧根外以刺棘遮

護勿使有物動撥其枝春雨得所尤易活其實內子相類者林檎梨向木瓜砧上栗子向櫟砧上皆活蓋是類也

農桑輯要卷五

欽定四庫全書

農桑輯要卷六

元　司農司　撰

竹木

種竹

齊民要術宜高平之地近山阜尤是所宜下田得水即死黃白軟土為良正月二月中斸取西南引根并莖芟去葉於園內東北角種之令坑深二尺許覆土厚五寸竹性愛向西南引故於園東北

角種之數歲之後自當滿園諺云東家種竹西家治地為滋蔓而來生也其居東北角者老竹種不生生亦不能滋茂故須取其西南引少根也稻麥糠糞之二糠各自堪糞不令和雜不用水澆澆則淹死勿令六畜入園三月食淡竹笋四月五月食苦竹笋其欲作器者經年乃堪殺未經年者輭未成也

四時類要移竹五月十三日及辰日可以移之

種竹去梢葉作稀泥於阬中下竹栽以土覆之杵築定勿令脚踏土厚五寸竹忌手把及洗手面脂水澆著即枯死

博聞録月菴種竹法深闊掘溝以乾馬糞和細泥填高一尺無馬

糞礱糠亦得夏月稀冬月稠然後種竹須三四莖作一
蔟亦須土鬆淺種不可增土於株上泥若用钁打實則
不生笋　夢溪云種竹但林外取向陽者向北而栽蓋
根無不向南必用雨下遇火日及有西風則不可花木
亦然諺云栽竹無時下雨便移多留宿土記取南枝
志林云竹有雌雄雌者多笋故種竹常擇雌者物不逃
於陰陽豈不信哉凡欲識雌雄當自根上第一枝觀之
有雙枝者乃為雌竹獨枝者為雄竹　竹有花輒槁死

花結實如稗謂之竹米一竿如此久之則舉林皆然其治之法於初米時擇一竿梢大者截去近根三尺許通其節以糞實之則止　瑣碎録云引筍法隔籬埋貍或貓於牆下明年筍自迸出　竹以三伏内及臘月中斫者不蛀一云用血忌日

松 杉柏檜附

齊民要術崔寔曰正月自朔暨晦可移松栢桐梓竹漆諸樹　博聞録栽松春社前帶土栽培百株百活舍此

時決無生理也　斫松木須五更初便削去皮則無白蟻血忌日尤好　插杉用驚蟄前後五日斬新枝斸阬入枝下泥杵緊相視天陰即插遇雨十分生無雨即有分數　新添種松柏八九月中擇成熟松子柏子同去臺收頓至來春春分時甜水浸子十日治畦下水上糞漫散子於畦內如種菜法或單排點種上覆厚土二指許畦上搭矮棚蔽日旱則頻澆常須溼潤至秋後去棚長高四五寸十月中夾薥稭籬以禦北風畦內亂撒麥糠

覆樹令梢上厚二三寸止（南方宜撒蓋）至穀雨前後手爬去麥糠澆之次冬封蓋亦如此二年之後三月中帶土移栽先撅區用糞土相合內區中水調成稀泥植栽於內擁土令區滿下水塌實（無用杵築脚踏）次日有裂縫處以脚躡合常澆令溼至十月祛倒以土覆藏毋使露樹至春去土次年不須覆　移樹者於三月中移廣留根土（謂如一丈樹留土方三尺地遠移者二尺五寸一丈五尺樹留土三尺或三尺五寸）用草繩纏束根土樹大者從下剸去枝三二層樹記南北運至區所栽如

前法檜種如松法插枝者二三月檜芽蘖動時先熟斸黄土地成畦下水飲畦一徧滲定再下水候成泥將斫下細如小指檜枝長一尺五寸許下削成馬耳狀先以杖刺泥成孔插檜枝於孔中深五七寸以上栽宜稠密常澆令潤澤上搭矮棚蔽日至冬換作暖蔭次年二三月去之候樹高移栽如松柏法

榆

齊民要術榆性扇地其陰下五穀不植隨其高下廣狹東西北三方所

扇各與樹等種者宜於園地北畔秋耕令熟至春榆莢落時收拾漫散犂細畤勞之明年正月初附地芟殺以草覆上放火燒之一根上必十數條俱生止留一根強者餘悉掐去之一歲之中長八九尺矣不燒則長遲也後年正月二月移栽之初生即移者喜曲故須藂林長之三年乃可移種初生三年不用採葉尤忌捋心捋心則科茹不長更須依法燒之則依前茂矣不用剝沐剝者長而細又多瘢痕不剝雖短粗而無病諺曰不剝不沐十年成轂言易粗也必欲剝者宜留二寸於壍阬中種者以陳屋草布壍中散榆莢於草上以土覆之燒亦如法陳草速朽肥良勝糞無陳草者用糞糞之

亦佳不糞雖生而瘦既栽移者燒亦如法又種榆法其於地畔種者致雀損穀既非叢林率多曲戾不如割地一方種之其白土薄地不宜五穀者惟宜榆及白榆地須近市賣柴莢葉省功梜榆刺榆凡榆三種色別種之勿令和雜梜榆莢葉味苦凡榆莢味甘甘者春時將煮賣是以須別也耕地收莢一如前法先耕地作壟然後散榆莢壟者看好料理又易五寸一莢稀概得中散訖勞之榆生其草俱長未須科理明年正月附地芟殺放火燒之亦任生長勿使棠杜康反近又至明年正月斸去惡者其一株上有七

八根生者悉皆斫去惟留一根粗直好者三年春可將莢葉賣之五年之後便堪作椽不裌者即可斫賣裌者鏇作盞十年之後魁梡瓶榼器皿無所不任十五年後中為車轂及蒲桃缸　崔寔曰二月榆莢成及青收乾以為旨蓄旨美也蓄積也收青莢小蒸曝之至冬以釀酒滑香宜養老詩云我有旨蓄亦以御冬色變白將落可作䤈𨡕䤈者牟𨡕音頭榆醬隨節早晏勿失其適

務本新書榆葉曝乾擣羅為末鹽水調勻日中炙曝天寒於火上熬過拌菜食之味頗辛美

白楊

齊民要術白楊（一名高飛一名獨搖）性甚勁直堪為屋材折則折矣終不曲撓（奴孝反榆性久無不曲比之白楊不如遠矣且天性多曲修直者少長又遲緩積年方得凡屋材松柏為上白楊次之榆為下也）種白楊法秋耕令熟至正月二月中以犂作壟一壟之中以犂順逆各一到畼中寬狹正似蔥壟作訖又以鍬掘底一阬作小壍斫取白楊枝大如指長三尺者屈著壟中以土壓上令兩頭出土向上直豎二尺一株明年正月剗去惡枝一畝三壟一壟

七百二十株一根兩株一畝四千三百二十株三年中為蠶樀都格反蠶椽五年任為屋椽十年堪為棟梁歲種三十畝三年九十畝一年賣三十畝周而復始永世無窮比之農夫勞逸萬倍去山遠者實宜多種千根以上所求必備

棠

齊民要術棠熟時收種之否則春月移栽八月初天晴時摘葉薄布曬令乾可以染絳必候天晴時少摘葉乾之復更摘慎勿頓收若

遇陰雨則浥浥不堪染絳也

穀楮

齊民要術說文云穀者楮也按今世人乃有名之曰角楮非也盖角穀聲相近因誤耳其皮可以為紙者也楮宜澗谷間種之地欲極良秋上候楮子熟時多收淨淘曝令燥耕地令熟二月耬耩之和麻子漫散之即勞秋冬仍留麻勿刈為楮作暖若不和麻子種率多凍死明年正月初附地芟殺放火燒之一歲即沒人不燒者瘦而長亦遲三年便中斫未滿三年者皮薄不任用斫法十二月為上四月次之非此兩月

而斫者楮多枯死也每歲正月常放火燒之自有乾葉在地足得火燃不燒則不滋茂也二月中間斸去惡根移栽者二月蒔之亦三年一斫三年不斫者徒失錢無益也指地賣者省功而利少煮剥賣皮者雖勞而利大其柴足以供然自能造紙其利又多種三十畝者歲斫十畝三年一徧歲收絹百匹

槐

齊民要術槐子熟時多收擘取數曝勿令蟲生五月夏至前十餘日以水浸之如浸麻子法六七日當芽生好雨種

麻時和麻子撒之當年之中即與麻齊麻熟刈去獨留槐槐既細長不能自立根别豎木以繩攔之冬天多風雨繩攔宜以茅裹不則傷皮成痕瘢也明年斸地令熟還於槐下種麻脅槐令長三年正月移而植之亭亭條直千百若一所謂蓬生麻中不扶自直若隨宜取栽匪直長遲樹亦曲惡宜于園中割地種之

柳

齊民要術種柳正月二月中取弱柳枝大如臂長一尺半燒下頭二三寸埋之令没常足水以澆之必數條俱

生留一根茂者餘悉掐去別豎一柱以為依主以繩攔之若不攔必為風所摧不能自立一年中即高一丈餘其旁生枝葉即掐去令直聳上高下任人取足便掐去正心即四散下垂婀娜可愛若不掐心則枝不四散或邪或曲生亦不佳也六七月中取春生少枝種則長倍疾少枝葉青氣壯故長疾也楊柳下田停水之處不得五穀者可以種柳八月九月水盡燥濕得所時急耕則鎘楱之至明年四月又耕熟勿令有塊即作畼壠一畝三壠一壠之中順逆各一到畼中寬狹正似葱壠從五

月初盡七月末每天雨時即觸雨折取春生少枝長一尺已上者插著壠中二尺一根數日即生少枝長疾三歲成椽比於餘木雖微脆亦足堪事歲種三十畝三年種九十畝歲賣三十畝（終歲無窮）憑柳可以為楯車輞雜材及枕

種箕柳法山澗河旁及下田不得五穀之處水盡乾時熟耕數徧至春凍釋於山陂河坎之旁刈取箕柳三寸栽之漫散即勞勞訖引水停之至秋任為簸箕（山柳赤而脆河柳白而韌）

陶朱公術曰種柳千樹則足柴十年

以後髡一樹得一載歲髡二百樹五年一周　四時類要種柳取青嫩枝如臂長六七尺燒下頭三二寸埋二尺以上　博聞録楊柳根下先種大蒜一枚不生蟲

楸

齊民要術楸　詩義疏曰梓楸之疎理色白而生子者為梓說文曰檟楸也然則楸梓二木相類者也白色有角者名為梓似楸有角者名為角楸或名子楸黄色無子者為柳楸世人見其木黄呼為荊黄楸也

亦宜劃地一方種之梓楸各別無令和雜楸既無子可於大樹四面掘作阬取栽移之方兩步一根兩畞一行

一行百二十樹五行合六百樹十年後車板盤榼樂器所在任用以為棺材勝於松柏

梓

齊民要術種梓法秋耕地令熟秋末冬初梓角熟時摘取曝乾打取子耕地作壠漫田即再勞之明年春生有草拔令去勿使荒沒後年正月間斸移之方兩步一樹此樹須大不能概栽

梧桐

齊民要術梧桐桐葉花而不實者曰白桐實而皮青者曰梧桐按今人以其皮青號曰青桐也青桐九月收子二三月中作一步圓畦種之方大則難裹所以須圓小治畦下水一如葵法五寸下一子少與熟糞和土覆之生後數澆令潤澤此木宜溼故也當歲即高一丈至冬豎草於樹間令滿外復以草圍之以葛十道束置不然則凍死也明年三月中移植於廳齋之前華淨妍雅極為可愛後年冬不須復裹成樹之後樹剎下子一石子於包上生多者五六少者二三也炒食甚美味似菱芡多食亦無妨白桐無子冬結似子者乃是明年之花房亦

遶大樹掘防取栽移之成樹之後任為樂器青桐則不中用於山石之間生者作樂器尤佳青白二材並堪車板盤榼木屧等用

漆

新添春分前後移栽後樹高六七月以剛斧斫其皮開以竹管承之汁滴則成漆

柞

齊民要術柞爾雅云栩杼也注云柞樹案俗人呼杼為橡子以橡殼為杼斗以成剜似斗故也橡

子儉歲可食以為飯豐年放豬食之可以致肥也宜於山阜之曲三徧熟耕漫散橡子即再勞之生則薅治常令淨潔一定不移十年中椽可雜用二十歲中屋槫斫去尋生科理還復凡為家具者前件木皆所宜種十歲之後無求不給

皁莢

博聞録樹不結鑿一大孔入生鐵三五斤以泥封之便開花結子既實以篾束其本數匝木楔之一夕自落

新添種者二三月種不結角者南北二面去地一尺鑽

孔用木釘釘之泥封竅即結

楝

新添子熟時雨後種如種桃李法成樹移栽

椿

新添木實而葉香有鳳眼草者謂之椿木踈而氣臭無鳳眼草者謂之樗皆可於春分前後栽之又云有花而莢者謂樗無花不實謂椿

葦附荻

新添葦四月苗高尺許選好葦連根栽成土墩如椀口大於下溼地内掘區栽之縱横相去一二尺（欲疾得力則密栽）至冬放火燒過次年春芽出便成好葦十月後刈之

一法二月熟耕地作壠取根卧栽以土覆之次年成葦

又壓栽法其葦長時掘地成渠將莖屈倒以土壓之露其梢凡葉向上者亦植令出土下便生根上便成笋與壓桑無異五年之後根交當隔一尺許斸一钁即滋旺矣

荻栽與葦同

蒲

新添四月揀縣蒲肥旺者廣帶根泥移出於水地内栽之次年即堪用其水深者白長水淺者白短

作園籬

齊民要術凡作園籬法於牆基之所方整深耕凡耕作三壟中間相去各二尺秋酸棗熟時收於壟中概種之至明年秋生高三尺許間斸去惡者相去一尺留一根必須稀概均調行伍條直相當至明年春剶勅傳反去横

枝剝必留距若不留距侵皮痕大逢寒即死剝訖即編為巴籬隨宜夾縛務使舒緩急則不復得長故也又至明年春更剝其末又復編之高七尺便足欲高作者亦任人意枳棘之籬折柳樊圃斯其義也其種柳作之者一尺一樹初即斜插插時即編其種榆莢者一同酸棗如其栽榆與柳斜植高與人等然後編之數年長成其相蹙迫交柯錯葉特似房櫳

諸樹

齊民要術凡栽一切樹木欲記其陰陽不令轉易陰陽易位

則難生從小栽者不煩記也大樹髡之不髡風搖則死小則不髡先為深阬內樹訖以水沃之著土令如薄泥東西南北搖之良久搖則泥入根間無不活者不搖根虛多死其小樹則不煩耳然後下土堅築近上三寸不築取其柔潤也時時溉灌常令潤澤每澆水盡即以燥土覆之覆則保澤不然即乾埋之欲深勿令撓動凡栽樹訖皆不用手捉及六畜觝突戰國策曰夫柳縱橫顛倒樹之皆生使十人樹之一人搖之則無生柳矣凡栽樹正月為上時諺曰正月可栽大樹言得時則易生也二月為中時三月為下時然棗雞口槐兔目桑蝦蟇眼榆負瘤自餘雜木鼠耳虻翅

各以其時此等名目皆是葉生形容之所象似以此時栽種者葉皆即生早栽者葉晚出雖然大率寧早為佳不可晚也樹大率種數既多不可一一備舉凡不見者栽蒔之法皆求之此條　崔寔曰二月盡三月可掩樹枝埋樹枝土中令生二歲已上可移種矣　務本新書一切移栽枝記南北根深土遠寬掘土以蓆包裹不令見日大車上般載以人擡曳緩緩而行車前數百步平治路上車轍務要平坦不令車輪搖擺於處所依法栽培樹樹決活古人有云移樹無時莫令樹知區宜寬深以水攪土成泥

仍摻新粟大麥百餘粒即下樹栽樹大者須以木扶架若根不動搖雖丈許之木可活仍須芟去繁枝則不招風

伐木

齊民要術凡伐木四月七月則不蟲而堅韌凡木有子實者候其子實將熟皆其時也非其時者蟲而且胞也凡非時之木水漚一月或火熘皮逼反取乾蟲皆不生水浸之木更益柔韌

周官曰仲冬斬陽木仲夏斬陰木鄭司農云陽木春夏生者陰木秋冬生者

松柏之屬鄭元曰陽木生山南者陰木生山北者冬則斬陽夏則斬陰調堅輭也按松柏之性不生蟲蠹四時皆得無所選也山中雜木非七月四月兩時殺者率多生蟲無山南山北之異鄭君之說又無取則周官伐木蓋以順天道調陰陽未必為堅韌之與蟲蠹也

禮記月令孟春之月禁止伐木鄭元注云為盛德所在也孟夏之月無伐大樹逆時氣也季夏之月樹木方盛乃命虞人入山行木毋有斬伐為其未堅韌也季秋之月草木黃落乃伐薪為炭仲冬之月日短至則伐木取竹箭此其堅成之極時也

孟子曰斧斤以時入山林材木不可勝用也趙岐注曰時謂草木零落之時

淮南子曰草木未落時斧斤不入山

林　崔寔曰自正月以終季夏不可伐木必生蠹蟲十一月伐竹木　四時類要十二月斬伐竹木不蛀

藥草

種紫草

齊民要術宜黄白軟良之地青沙地亦善開荒黍穄下大佳性不耐水必須高田秋耕地至春又轉耕之三月種之耬耩地逐壟手下子（良田一畝用子二升半薄田用子三升）下訖勞之鋤如穀法潔淨為佳其壟底草則拔之（壟底用鋤則傷紫草）九

月中子熟刈之候稃（芳蒲反）燥載聚打取子（溼載子則浥鬱）即深細耕（不細不深則失草矣）尋壟以杷摟取整理（收草宜併手力速竟為良遭雨則損草也）一扼隨以茅結之（擘葛彌善）四扼為一頭當日則斬齊顛倒十重許為長行置堅平之地以板石鎮之令扁（溼鎮直而長燥鎮則碎折不鎮賣難售也）兩三宿豎頭著日中曝之令浥浥然（不曬則鬱黑太燥則碎折）五十頭作一洪（洪十字大頭向外以葛纏絡）著敞屋下陰涼處棚棧上其棚下勿使驢馬糞及人溺又忌煙皆令草失色其利勝藍若欲久停者入五月內著屋中閉戶

塞向密泥勿使風入漏氣過立秋然後開出草色不異若經夏在棚棧上草便變黑不復任用

務本新書種訖拖瓶擺之或以輕砘碾過秋深子熟傍去其土連根取出就地鋪穧頗乾輕振其土芽纏束 切去虛梢

紅花

齊民要術花地欲得良熟二月末三月初種也種法欲雨後速下或漫散種或耬下一如種麻法亦有鋤而掩種者子科大而易料理花出日日乘涼摘取不摘則乾摘必須盡留餘即合五月子

熟拔曝令乾打取之子亦不用鬱浥五月種晚花春初即留子入五月便種若待新花熟後取子則又晚也七月中摘深色鮮明耐久不黦紆物反色壞也勝春種者收子與麻子同價既任車脂亦堪為燭一頃花日須百人摘以一家手力十不充一但駕車地頭每旦當有小兒僮女十百為羣自來分摘正須平量中半分取是以單夫隻婦亦得多種

曬紅花法摘取即碓擣使熟以水淘布袋絞去黄汁更擣以粟飯漿清而酸者淘之又以布袋絞去汁即收取染紅勿棄也絞訖著

甕器中以布蓋上雞鳴更擣令均於席上攤而曝乾（勝作餅花作餅者不得乾令花浥鬱也）

藍

齊民要術藍地欲良三徧細耕三月中浸子令芽生乃畦種之治畦下水一同葵法藍三葉澆之（晨夜再澆）薅治令淨五月中新雨後即接溼耬耩拔栽之三莖作一科相去八寸（栽時宜併力急手無令地燥也）白背即急鋤（栽時既溼白背不急鋤則堅確也）五徧為良七月中作藍澱

崔寔曰榆莢落時可種藍五

月可刈藍六月可種冬藍冬藍木藍也

梔子

新添十月選成熟梔子取子淘淨曬乾至來春三月選沙白地斸畦區深一尺全去舊土卻收地上溼潤浮土篩細填滿區下種稠密如種茄法細土薄糝上搭箔棚遮日高可一尺旱時一二日用水於棚上頻頻澆灑不令土脈堅垎四十餘日芽方出土薅治澆溉至冬月厚用蒿草藏護次年三月移開相去一寸一科鋤治澆溉

宜頻冬月用土深壅根株其枝梢用草包護至次年三
四月又移一步半一科栽成行列須園内穿井頻澆頻
鋤每歲各須北面厚夾籬障以蔽風寒第四年開花結
實十月收摘甑内微蒸曬乾用

茶

四時類要熟時收取子和溼沙土拌筐籠盛之穰草蓋
不爾即凍不生至二月中出種之於樹下或北陰之地
開坎圓三尺深一尺熟斸著糞和土每阬中種六七十

顆子蓋土厚一寸强任生草不得耘相去二尺種一方旱時以米泔澆此物畏日桑下竹陰地種之皆可二年外方可耘治以小便稀糞蠶沙澆擁之又不可太多恐根嫩故也大概宜山中帶坡坂若於平地即於兩畔深開溝壠洩水水浸根必死三年後收茶

椒

齊民要術熟時收取黑子俗名椒目不用人手數近捉之則不生也四月初畦種之治畦下水如種葵法方三寸一子篩土覆之令厚寸許復

篩熟糞以蓋土上旱輒澆之常令潤澤生高數寸夏連
雨時可移之移法先作小阬圓深三寸以刀子圓劙椒
栽合土移之於阬中萬不失一若拔而移者率多死若移大栽者
二月三月中移之先作熟穰泥掘出即封根合泥埋之
行百餘里猶得生此物性不耐寒陽中之樹冬須草裹不裹則死其
生小陰中者少稟寒氣則不用裹所謂習與性成一本之性寒暑異容若朱
藍之染能不易質故觀隣識士見友知人也候實口開便速收之天晴時摘
下薄布曝之令一日即乾色赤椒好若陰時收者色黑失味其葉

及青摘取可以為葅乾而末之亦足充食也　務本新書三鄉椒種秋深熟時揀粒大摘下陰乾將椒子包裹掘地深埋春暖取出向陽掘畦種之性不耐寒冬月以草厚覆二年後春月移栽樹小時冬月以糞覆根地寒處以草裹縛次年結子椒不歇條一年繁勝一年

茱萸

齊民要術食茱萸也山茱萸味不任食　二月三月栽之宜故城隄冢高燥處凡於城上種蒔者先宜隨長短掘壍停之經年然後於壍中種蒔保澤沃壤與平地無差不爾

者土堅澤流長物至遲歷年倍多樹木尚小候實開便收之挂著屋裏壁上陰乾勿使煙薰煙薰則苦而不香也用時去中黑子肉醬魚鮓偏宜用

茴香

務本新書春暖向陽掘區糞土相和區先下水子用新香不浥者量地下子糝上微葢區南約量種蔴以遮夏日長高三四指旱則澆之或霖雨時就新子種之亦可十月斫去條梢糞土覆根三月去之

蓮藕

齊民要術種蓮子法八月九月中取蓮子堅黑者於瓦上磨蓮子頭令皮薄取墐土作熟泥封之如三指大長二寸使蔕頭平重磨處尖銳泥乾時擲於泥中重頭沈下自然周正皮薄易生少時即出其不磨者皮既堅厚倉卒不能生也　種藕法春初掘藕根節頭著魚池泥中種之當年即有蓮花

芡

齊民要術種芡法一名雞頭八月中收取擘破取子散

著池中自生也

芰

齊民要術種芰法一名菱秋上子黑熟時收取散著池中自生矣

薯蕷今名山藥

四時類要山居要術云擇取白色根如白米粒成者先收子作三五所阬長一丈闊三尺深五尺下密布甎阬四面一尺許亦側布甎防別入傍土中根即細也作阬

子訖填糞土三行下子種之填阬滿待苗著架經年已後根甚粗一阬可支一年食根種者截長一尺已下種

又法地利經云大者折二寸為根種當年便得子收子後一冬埋之二月初取出便種忌人糞如旱放水澆又不宜太溼須是牛糞和土種即易成　務本新書種山藥宜寒食前後沙白地區長丈餘深闊各二尺少加爛牛糞與土相和平匀厚一尺揀肥長山藥上有芒刺者折長三四寸鱗次相挨臥於區内復以糞土匀覆五

寸許旱則澆之亦不可太溼頗忌大糞苗長以高梢扶架霜降後比及地凍岀之外將蘆頭另窨來春種之勿令凍損

地黃

齊民要術種地黃法須黑良田五徧細耕三月上旬為上時中旬為中時下旬為下時一畝下種五石其種還用三月中掘取者逐犂後下之至四月末五月初生苗訖至八月盡九月初老成中用若須留為種者即在地

中勿掘之待來年三月取之爲種計一畝可收根三十石有草鋤不限徧數鋤時别作小刀鋤勿使細土覆心令秋收訖至來年更不須種自旅生也惟須鋤之如此四年不要種之餘根自出矣

枸杞

博聞録種枸杞法秋冬間收子淨洗曬乾春耕熟地作町闊五寸紐草稕如臂大置畦中以泥塗草稕上然後種子以細土及牛糞蓋令徧苗出頻水澆之又可插種

務本新書枸杞宜故區畦種毀作菜食子根入藥

新添秋收好子至春畦種如種菜法　又三月中苗出時移栽如常法伏内壓條特為滋茂　一法截條長四五指許掩於溼土地中亦生

菊花

博聞録菊蜀人多種之苗可入茶花子入藥然野菊大能瀉人惟真菊延年乃黄中之色氣味和正花葉根實皆長生藥其性介烈不與百花同盛衰是以通仙靈也

務本新書宜白地栽甜水澆苗作菜食花入藥用三四月帶根土掘出作區下糞水調成泥擘根分栽每區一二科後極滋茂

蒼朮

四時類要二月取根子劈破畦中種上糞下水一年即稠苗亦可為菜若作煎宜多種之

黄精

四時類要二月擇取葉相對生者是真黄精擘長二寸

許稀種之一年後甚稠種子亦得其葉甚美入菜用其根堪為煎朮與黄精仙家所重

百合

四時類要二月種百合此物尤宜雞糞每阬深五寸如種蒜法又云取根曝乾擣為麪細篩甚益人

牛蒡子

四時類要熟耕肥地令深平二月末下子苗出即耘旱則澆灌八月已後即取根食若取子即留隔年方有子

凡是閒地即須種之不但畦種也　務本新書牛蒡子

宿根亦名鼠黏子葉作菜食明目補中去風久食輕身

耐老

決明

四時類要二月取子畦種同葵法葉生便食直至秋間

有子若嫌老番種亦得若入藥不如種馬蹄者　博聞

録園圃四旁宜多種蛇不敢入

甘蔗

新添栽種法用肥壯糞地每歲春間耕轉四徧耕多更好擺去柴草使地淨熟盎下土頭如大都天氣宜三月内下種迤南暄熱二月内亦得每栽子一箇截長五寸許有節者中須帶三兩節發芽於節上畦寬一尺下種處微壅土高兩邊低下相離五寸臥栽一根覆土厚二寸栽畢用水澆澆止令溼潤根脉無致渰浸栽封旱則三二日澆一徧如雨水調匀每一十日澆一徧其苗高二尺餘頻用水廣澆之荒則鋤耘無不開花結子直至九

月霜後品嘗稭稈酸甜者成熟味苦者未成熟將成熟者附根刈倒依法即便煎熬外將所留栽子稭稈斬去虛梢深撅窖阬窖底用草襯藉將稭稈豎立收藏於上用板蓋土覆之毋令透風及凍損直至來春依時出窖截栽如前法大抵栽種者多用上半截儘堪作種其下截肥好者留熬沙糖若用肥好者作種尤佳　煎熬法若刈倒放十許日即不中煎熬將初刈倒稭稈去梢葉截長二寸碓擣碎用密筐或布袋盛頓壓擠取汁即用

銅鍋内斟酌多寡以文武火煎熬其鍋隔牆安置牆外燒火無令煙火近鍋專一令人看視熬至稠黏似黑棗合色用瓦盆一隻底上鑽箸頭大竅眼一箇盆下用甕承接將熬成汁用瓢盛傾於盆内極好者澂于盆流於甕内者止可調水飲用將好者即用有竅眼盆盛頓或倒在瓦罌内亦可以物覆蓋之食則從便慎勿置於糖多若連上截用之亦得

薏苡

新添九月霜後收子至來年三月中隨耕地於壠内點種勞蓋令平有草則鋤

藤花

新添春分前後移栽長時宜靠樹架起其花茂盛採時天晴便曬乾不致浥損收藏可為素餡食之

薄荷

新添諸處多可移栽經冬根不死採葉可食本入藥用

罌粟

四時類要罌粟尤宜山坡亦可畦種　博聞録重九日種又中秋夜種則罌大子滿種訖以竹篲掃之

苜蓿

齊民要術地宜良熟七月種之畦種水澆一如韭法亦一翦一上糞鐵杷耬土令起然後下水一年三刈留子者一刈則止春初既中生噉為羹甚香長宜飼馬馬尤嗜之此物長生種者一勞永逸都邑負郭所宜種之　崔寔曰七月八月可種苜蓿　四時類要苜蓿若不作畦種即和麥種之不

妨

燒苜蓿之地十二月燒之訖二年一度耕壠外根即不衰凡苜蓿春食作乾菜至益人

農桑輯要卷六

農桑輯要卷七

元　司農司　撰

孳畜禽魚及歲用雜事附

養馬牛總論

齊民要術服牛乘馬量其力能寒温飲飼適其天性如不肥充蕃息者未之有也諺曰羸牛劣馬寒食下言其乏食瘦瘠春中必死務在充飽調適而已頪四時頪要三月妝合龍

駒合驢馬之牝牡此月三日為上　月令季春之月乃合累牛騰馬案月令合累牛騰馬註累騰皆乘匹之名此作驢牛驢馬令校改遊牝于牧仲夏之月遊牝別羣則縶騰駒

馬驢騾附

齊民要術飲飼之節食有三芻飲有三時何謂也一曰惡芻二曰中芻三曰善芻謂飢時與惡芻飽時與善芻引之令食食常飽則無不肥剉草麤雖足豆穀亦不肥充細剉無節簁去土而食之者令馬肥不啌如此喂飼自然好也啌苦江反何謂三時一日朝飲少之二日晝飲則胸饜水三日暮極

飲之一曰夏汗冬寒皆當節飲諺曰旦起騎穀日中騎水斯言旦飲須節水也每飲食勿行驟則消水小驟數百步亦佳十日一放令其陸梁舒展令馬硬實也驢騾大槩類馬不復別起條端

凡驢馬駒初生忌灰氣遇新出爐者輒死經雨即不死

凡以猪槽餵馬以石灰泥馬槽汗繫著門皆令馬落駒術曰常繫獮猴於馬房令馬不畏辟惡消百病也

馬久步即生筋勞筋勞則生蹄痛久立則發骨勞骨勞則發癰腫久汗不乾則生皮勞皮勞者驏而不振汗未燥而飲飼之則生氣勞氣勞者驏而不噴馳驅無節則生血勞血勞則發强行

何以察五勞終日馳驅舍而視之不驟者筋勞也驟而不時起者骨勞也起而不振者皮勞也振而不噴者氣勞也噴而不溺者血勞也筋勞者兩絆卻行三十步而已骨勞者令人牽之起從後笞之起而已皮勞者夾脊摩之熱而已氣勞者緩繫之櫪下遠餧草噴而已血勞者高繫無飲食之大溺而已

治牛馬疫氣方（取獺屎煮灌之獺肉及肝彌良不能得肉肝乃用屎耳）

治馬喉腫方以物纏刀子露刃鋒一寸許刺咽喉潰則愈

治馬黑汗方取乾馬糞置瓶

子中頭髮覆之火燒馬糞及髮煙出著馬鼻熏令煙入鼻中須臾即差又方豬脊引脂雄黃亂髮燒煙熏鼻同上法（案此二條並治馬黑汗方原本俱作治馬喉腫又方今據齊民要術校改）又療馬結熱起臥戰不食水草方黃連二兩（杵末）白鮮皮一兩（杵末）油五合豬脂四兩（細切）右以溫水一升半和藥調停灌下之行拋糞即愈羣馬疥方臰（音臭）黃（案齊民要術作雄黃）頭髮臘月豬脂煎令髮消及熱塗立效　馬傷水用葱鹽油相和搓成團子納鼻中以手捉馬鼻令不通氣良久待眼淚

出即止　馬傷料用生蘿蔔三五箇切作片子啖之立效　馬猝熱腹脹起臥欲死方藍汁二升和冷水二升灌之立效　治新生小駒子瀉肚方藁本末三錢用大麻子研汁調灌下咽喉便效次以黄連末大麻汁解之

驢馬磨打破瘡馬齒菜石灰一處擣為團曬乾後再擣羅為末先口含鹽漿水洗淨用藥末貼之驗　常啖馬藥鬱金大黄甘草山梔子貝母白藥子黄藥子黄芩款冬花秦艽黄蘗黄連知母桔梗藁本右件一十五味

各等分同擣羅為末每一匹馬啖藥末二兩許仍用油蜜猪脂雞子飯食少許同和調啖之啖後不得飲水至夜喂飼

馬氣藥方青橘皮當歸桂心大黄芍藥木通郁李仁瞿麥白芷牽牛子右件十味各等分擣羅為末用溫酒調灌每匹馬藥末半兩許

點馬眼藥青鹽黄連馬牙硝蕤仁右件四味各等分同研為末用蜜煎入瓷瓶子盛或點時旋取少許以井水浸化點

治馬急起臥取壁上多年石灰細杵羅用酒調二兩用水灌之立效

治馬

食槽内草結方好白礬末一兩分為二服每貼和飲水後啖之不過三兩度即内消卻此法神驗　博聞録馬傷脾方川厚朴去麤皮為末同薑棗煎灌應脾胃有傷不食水草褰唇佀笑鼻中氣短宜速與此藥　馬心熱方甘草芒硝黄檗大黄山梔子瓜蔞為末水調灌應心肺壅熱口鼻流血跳躑煩燥宜急與此藥　馬肺毒方天門冬知母貝母紫蘇芒硝黄芩甘草薄荷葉同為末飯湯入少許醋調灌療肺毒熱極鼻中噴水　馬肝壅

方朴硝黄连为末男子头发烧灰存性浆水调灌应邪气冲肝眼昏似睡忽然眩倒此方主之　马肾搐方乌药芎藭当归元参山茵蔯白芷山药杏仁秦艽每服一两酒一大升同煎温灌隔日再灌　马气喘方元参葶苈升麻牛旁兜苓黄耆知母贝母同为末每服二两浆水调草后灌之应喘嗽皆治　马尿血方黄耆乌药芍药山茵蔯地黄兜苓枇杷叶为末浆水煎沸候冷调灌应六月热尿血皆主疗之　马喉肿方螺青川芎知母

川鬱金牛蒡炒薄荷貝母同為末每服二兩蜜二兩漿水煎沸候温調灌　馬結尿方滑石朴硝木通車前子同為末每服一兩温水調灌隔時再服結甚則加山梔子赤芍藥同末　馬結糞方皂角燒灰存性同大黃枳殼麻子仁黃連厚朴為末清米泔調灌若傷宊加蔓荊子末同調　馬舌硬方款冬花瞿麥山梔子地仙草青黛硼砂朴硝油烟墨等分為細末每用半兩許塗舌上立差　馬膈痛方羌活白藥甜瓜子當歸沒藥芍藥為

末春夏漿水加蜜秋冬小便調療膈痛低頭難不食草
馬流沫方當歸菖蒲白朮澤瀉赤石脂枳殼厚朴甘
草為末每一兩半酒一升葱白三握同水煎溫灌　馬
傷蹄方大黃五靈脂木鼈子去油海桐皮甘草土黃芸
薹子白芥子為末黃米粥調藥攤帛上裹之

牛 水牛附

四時類要治牛疫方取人參一兩細切水煮汁五升灌
口中差又方真安息香於牛欄中燒如燒香法如初覺

有一頭至兩頭是疫即牽出以鼻吸之立愈又方十二月兔頭燒作灰和水五升灌口中良　牛腹脹欲死方研麻子汁五升温令熱灌口中愈此治食生豆腹脹垂死者甚良　牛鼻脹方以醋灌耳中立差　牛疥方煮黒豆汁熱洗五度差（一本作烏頭汁）　牛肚脹及嗽方取榆白皮水煮令熱甚滑以三五升灌之即差　牛虱方以胡麻油塗之即愈猪脂亦得六畜虱塗之亦愈　博聞録牛瘴疫方用真茶二兩和水五升灌之又治牛猝疫而

動頭打脇急用巴豆七箇去殼細研出油和灌之即愈

又燒蒼朮令牛鼻吸其香止　牛尿血方川當歸紅花為細末以酒二升半煎取二升冷灌之又法豉汁調食鹽灌　牛患白膜遮眼用炒鹽并竹節燒存性細研一錢貼膜效　牛氣噎方牛有莾根噎以皂角末吹鼻中更以鞋底拍尾停骨下效　牛腹脹方牛喫著雜蟲即腹脹用燕屎一合漿水二升調灌之效　牛觸人方牛顛走逢人即觸是膽大也黃連大黃末雞子酒調灌之

牛尾焦不食水草以大黄黄連白芷末雞子酒調灌之 牛氣脹方淨水洗汗韈取汁一升好醋半升許灌之愈 牛肩爛方舊綿絮三兩燒存性麻油調抹忌水五日愈 牛漏蹄方紫礦為末猪脂和納蹄中燒鐵篦烙之愈 牛沙疥方蕎麥隨多寡燒灰淋汁入緑礬一合和塗愈 韓氏直説餵養牛法農隙時入暖屋用場上諸糠穰鋪牛腳下謂之牛鋪牛糞其上次日又覆糠穰每日一覆十日除一次牛一具三隻每日前後餉約

飼草三束豆料八升或用蠶沙乾桑葉水三桶浸之牛下飼噍透刷飽飲畢辰巳時間上槽一頓可分三和皆水拌第一和草多料少第二比前草減半少加料第三草比第二又減半所有料全繳拌食盡即往使耕噍了牛無力夜餵牛各帶一鈴草盡牛不食則鈴無聲即拌之飽使耕俗諺云三和一繳須管要飽不要噍了使去最好 水牛飲飼與黄牛同夏須得水池冬須得暖厰牛衣

羊

齊民要術常留臘月正月生羔為種者上十一月二月生者次之（非此月數生者毛必焦卷骨骼細小所以然者逢寒遇熱故也其八九十月生者雖值秋肥然比至冬暮母乳已竭春草未生是故不佳其三四月生者草雖茂美而羔小未食常飲熱乳所以亦惡五六七月生者兩熱相仍中之甚惡其十一月十二月生者母既多乳膚軀充滿草雖枯亦不羸瘦母乳適盡即得春草是以極佳）大率十口一羝（羝少則不孕羝多則亂羣不孕者必瘦瘦則匪惟不蕃息經冬或死）羝無角者更佳（有角者喜相觝觸傷胎所由也）擬供廚者宜剩之（剩法生十餘日布裹齒碎之）牧羊必須老人心性宛順者起居以時

調其宜適卜式云牧民何異於是者若使急性人及小兒者攔約不得必有打傷之災或遊戲不看則有狼犬之害懶不驅行無肥充之理將息失所有羔死之患也惟遠水為良傷水則蹄甲膿出二日一飲頻飲則傷水而鼻膿緩驅行勿停息息則不食而羊瘦急行則坌塵而蚛顙也春夏早放秋冬晚出春夏氣和所以宜早秋冬霜露所以宜晚養生經云春夏早起與雞俱興秋冬晏起必待日光此其義也夏日盛暑須得陰涼若日中不避熱則塵汗相染秋冬之間必殺癖疥七月已後霜露氣降必須日出霜露晞解然後放之不爾則逢毒氣令羊口瘡腹脹也圈不厭近必須與人居相連開窗向圈所以然者羊性怯弱不能禦物狼一入圈或能絕羣架北牆為廄為屋即傷熱熱則生疥癬且屋處慣暖冬月入田尤

不耐寒　圈中作臺開竇無令停水二日一除毋使糞穢穢則污毛停水則夾蹄眠濕則腹脹也　圈內須並牆豎柴柵令周匝羊不揩土毛常自淨不豎柴者羊揩牆壁土鹹相得毛皆成氈又豎柵頭出牆者虎狼不敢踰　羊一千口者三四月中種大豆一頃雜穀并草留之不須鋤治八九月中刈作青茭若不種豆穀者初草實成時收刈雜草薄鋪使乾勿令鬱浥豐豆胡豆蓬藜荊棘為上大小豆萁次之高麗豆萁尤是所便蘆薍二種則不中凡乘秋刈草非直為羊而然大凡悉皆倍勝崔寔曰七月七日刈芻茭也　既至冬寒多饒風霜或春初雨落青草未生時則須飼不宜出放

羊有疥者間則之不別相染汙或能合羣致死羊疥先著口者難治多死凡羊經疥得差後夏初肥時宜賣易之不爾後春疥發必死矣　家政法曰養羊法當以瓦器盛一升鹽懸羊欄中羊喜鹽自數還啖之不勞人牧羊有病輒相汙欲令別病法當欄前掘瀆深二尺廣四尺往還皆跳過者無病不能過者入瀆中行過便別之　龍魚河圖曰羊有一角食之傷人（案此條上原本脫去龍魚河圖曰五字今校增）　四時類要羊疥皮藜蘆根敲打令皮破以泔

浸之餅盛塞口放竈邉令常暖數日味酸便中用以瓿
瓦刮疥處令赤若堅硬者湯洗之去痂拭令乾以藥汁
塗之再上愈疥若多逐日漸漸塗之勿頓塗恐不勝痛
也又方猪脂和臭黄塗之愈　羊中水方羊膿鼻眠不
淨者皆以水洗治之其方以湯和鹽杓中研令極鹹候
冷取清者以小角子受一雞子者灌兩鼻各一角五日
後以眠鼻淨為候不差更灌　羊膿鼻方羊膿鼻及口
頬生瘡如乾癬者相染多致絶羣治法豎長竿圈中竿

頭置板令獮猴居上辟狐狸而益羊差病也　羊夾蹄方取羝羊脂和鹽煎令熟燒鐵令微熱勻脂烙之勿令入泥水不日自差　翦羊毛三月候毛脉動則翦翦訖以河水洗即生毛潔白八月候胡菓子未成時翦之不爾則損毛中旬後翦則勿洗恐寒氣損羊

猪

齊民要術母猪取短喙無柔毛者（喙長則牙多一廂三牙已上則不煩畜為難肥故有柔毛者焰治難淨也）牝者子母不同圈（子母同圈喜相戲不食則死傷）牡者

同圈則無孅牡性遊蕩若非家生則易走失圈不厭小圈小則肥疾處不厭
穢泥汚則避暑亦須小廠以避雨雪春夏草生隨時放牧糟
糠之屬當日別與糟糠經夏輒取不中停放八九十月放而不飼所
有糟糠則畜待窮冬春初猪性甚便水生之草杷樓水藻等令近岸猪則食之皆肥
初產者宜煮穀飼之其子三日便掐尾六十日後犍三日
掐尾則不畏風凡犍猪死者皆風所致耳犍不截尾則前大後小犍骨細肉多不犍則骨粗肉少如犍牛法者
無風死之患十一月十二月生者豚一宿蒸之蒸法索籠盛豚著甑中微
火蒸之汗出便罷不蒸則腦凍不合不出旬便死所以然者豚性腦少寒盛

則不能自煖故須煖氣助之供食豚乳下者佳簡取別飼之愁其不肥共母同圈粟豆難足宜埋車輪為食場散粟豆於內小豚食足出入自由則肥速　四時類要閹豬子待瘡口乾平復後取巴豆兩粒去殼爛擣和麻籸糟糠之類飼之半日後當大瀉其後日見肥大　肥豕法麻子二升擣十餘杵鹽一升同煑後和糠三斗飼之立肥

養雞

齊民要術雞種取桑落時生者良形小淺毛腳細短者是也守窠少聲善育

雛子春夏生者則不佳形大毛羽悅澤脚粗長者是遊蕩饒聲產乳易厭既不守窠則無緣蓄息也雞春夏雛二十日內無令出窠飼以燥飯出窠早不免烏鴟與濕飯則令臍膿也雞棲宜據地為籠籠內著棧雖鳴聲不朗而安穩易肥又免狐狸之患若任之樹木一遇風寒大者損瘦小者或死燃柳柴殺雞雛小者死大者盲此亦燒黍穰殺瓠之流其理難悉家政法曰養雞法二月先耕一畝作田秫粥灑之刈生茅覆上自生白蟲便買黃雌雞十隻雄一隻於地上作屋方廣丈五於屋下懸簀令雞宿上夏

月盛晝雞當還屋下息并於園中築作小屋覆雞得養子烏不得就

養雞令速肥不爬屋不暴園不畏烏鴟狐狸法 別築牆匡開小門作小廠令雞以避雨日雌雄皆斬去六翮無令得飛出常多收秕稗胡豆之類以養之亦作小槽以貯水荊藩為棲去地一尺數掃去屎鑿牆為窠亦去地一尺惟冬天著草不則子凍春夏秋三時則不須直置土上任其產伏留草則蛆蟲生雛出則著外以罩籠之如鶴鶉大還牆內匡中其供食者又作牆匡蒸小麥飼之三七日便肥大矣

又穀產雞子供常食法 別取雌雞無令與雄相雜其牆匡斬翅荊棲土窠一如前惟多與穀令竟冬肥盛自然穀產矣一雞生百餘卵不雛並食之無咎

龍魚河圖曰黑雞白頭食之病人有六指者殺

人養生論曰雞肉不可令小兒食食之生蚘蟲又令體消瘦

鵞鴨

齊民要術鵞鴨並一歲再伏者為種一伏得子者少三伏者冬寒雛多死也大率鵞三雌一雄鴨五雌一雄鵞初輩生子十餘鴨生數十後輩皆漸少矣常足五穀飼之生子多不足者生子少欲於厰屋之下作窠以防猪犬狐狸驚恐之患多著細草于窠中令煖先刻白木為卵形窠別著一枚以誑之不爾不肻入窠喜東西浪生若獨著一窠後有

（爭窠之患）生時尋即收取别著一煖處以柔細草覆藉之（停置窠中凍即雛死）伏時大鵞一十子大鴨二十子小者減之（多則不周）數起者不任為種（數起則凍冷也）其貪伏不起者須五六日一與食起之令洗浴（久不起者飢羸身冷雖伏無熱）鵞鴨皆一月雛出量雛欲出之時四五日內不用聞打鼓紡車大叫猪犬及舂聲又不用器淋灰不用見新產婦（觸忌者雛多厭殺不能自出假令出亦尋死也）雛既出作籠籠之先以粳米為粥糜一頓飽食之名曰塡嗉然後以粟飯切苦菜蕪菁英為食以清水與

之濁則易不易泥塞鼻則死入水中不用停久尋宜驅出此既水禽不得水即死臍未合久在水中冷徹亦死於籠中高處敷細草令寢處其上雛小臍未合不欲冷也十五日後乃出籠早放者匪直乏力致困又有寒冷兼鳥鴟災也鵞惟食五穀稗子及草菜不食生蟲葛洪方曰居射工之地當養鵞鵞見此物能食之故鵞辟此物也鴨靡不食矣水稗實成時尤是所便噉此足得肥充供廚者子鵞百日以外子鴨六七十日佳過此肉硬大率鵞鴨六年以上老不復生伏矣宜去之少者初生伏又未能工惟數年之中佳耳純取雌鴨無

令雞雄足其粟豆常令肥飽一鴨便生百卵俗所謂殺生者此卵既非陰陽合生雛伏亦不成雛宜以供膳幸無粗卵之咎也

魚

齊民要術陶朱公養魚經曰夫治生之法有五水畜第一水畜所謂魚池也以六畝地為池池中作九洲求懷子鯉魚長三尺者二十頭牡鯉魚長三尺者四頭以二月上庚日納池中令水無聲魚必生至四月內一神守六月內二神守八月內三神守神守者鱉也所以納鱉

者魚滿三百六十則蛟龍為之長而將魚飛去納鼈則魚不復去在池中周遶九洲無窮自謂江湖也至來年二月得鯉魚長一尺者一萬五千枚二尺者四萬五千枚三尺者萬枚至明年得長一尺者十萬枚長二尺者五萬枚長三尺者五萬枚長四尺者四萬枚留長二尺者千枚作種所餘皆貨候至明年不可勝計也池中有九洲八谷谷上立水二尺又谷中立水六尺所以養鯉者鯉不相食易長又貴也　又作魚池法三尺大鯉非

近江湖倉卒難求若養小魚積年不大欲令生大魚法須載取藪澤陂湖饒大魚之處近水際土十數載以布池底二年之内即生大魚蓋由土中先有大魚子得水即生也

蜜蜂

新添人家多於山野古窑中收取蓋小房或編荊囤兩頭泥封開一二小竅使通出入另開一小門泥封時時開卻掃除常淨不令他物所侵秋花彫盡留冬月蜂所

食蜜餘蜜脾割取作蜜蠟至春三月掃除如前常於蜂窶前置水一器不致渴損春月蜂成有數箇蜂王當審多少壯與不壯若可分為兩窶止留蜂王兩箇其餘摘去如不分除舊蜂王外其餘蜂王盡行摘去窶烏禾反穴居也

歲月雜事

四時類要正月豎籬落　糞田　開荒　修蠶屋　織蠶箔　造桑機　造麻鞋　舂米此月人閒　築牆　二月栽柳　舒蒲桃上架　解栗裹縛　去石榴裹縛　造

醬是月合為中時 寒食前後收柴炭 造布 浣冬衣 採
桑螵蛸 三月利溝瀆 葺垣牆 治屋室以待零雨
脫墼 移茄子 造酪是月牛羊飽草好造也 四月收蔓菁
芥蘿蔔等子 收乾椹子 鋤葱 收乾筍藏筍 此
月伐木不蛀 修隄防開水竇 整屋漏以備暴雨
五月灰藏毛羽物 氈須人臥不臥則曬篅掃 收蠶
種豌豆蜀芥胡荽子 六月命女工織紬絹 收芥子
中秋後種 收花藥子便種之 收李核便種 收苜蓿 收槐

花曝乾 斫竹此月及八月不蛀 漚麻 曬氈褥書裘 種小蒜同七月 蘿蔔 七月收楮子 浣故衣制新衣作夾衣以備始涼 刈蒿草 種蜀芥 分薤 漚晚麻 耕菜地 收荷葉陰乾 拭漆器五月至此月晝經雨後漆器圖畫箱篋須曬乾則不損 收瓜蔕 收蒺藜子同八月 八月收薏苡 收角蒿 收韭花 收胡桃收棗 開蜜 下旬造油衣 收油麻秫江豆 備冬衣 刈莞葦 九月收豕同十月 收皁角 貯麻子油

採菊花　收木瓜　備冬藏凡蔓菁荏蔘韭薤脆美
而不耐停若旱園菜稍硬停得至二月　十月築垣牆
墐北戶　縛薦　遮掩牛馬屋　收槐實梓實　收牛
膝地黃　造牛衣　盤瘞蒲桃　包裹栗樹石榴樹不
爾即凍死　收諸般穀種大小豆種　十一月貨薪柴
緜絮　伐木取竹箭　造什物農具　折麻放麻　刈
蒿棘　貯年支草于隙地至六月及秋霖時俱利倍
十二月造車　貯雪水　收臘糟　糞地　刈棘屯牆

造農器　收羔種　收牛糞

農桑輯要卷七

總校官進士臣程嘉謨
校對官主事臣胡予襄
謄録監生臣李鈓

圖書在版編目（CIP）數據

農桑輯要 / (元) 司農司撰. — 北京：中國書店，2018.2
ISBN 978-7-5149-1880-9

Ⅰ. ①農… Ⅱ. ①司… Ⅲ. ①農學 – 中國 – 元代
Ⅳ. ①S-092.47

中國版本圖書館CIP數據核字(2017)第315406號

四庫全書·農家類

農桑輯要

作　者　元·司農司撰
出版發行　中國書店
地　址　北京市西城區琉璃廠東街一一五號
郵　編　一〇〇〇五〇
印　刷　山東汶上新華印刷有限公司
開　本　730毫米×1130毫米　1/16
印　張　23.5
版　次　二〇一八年二月第一版第一次印刷
書　號　ISBN 978-7-5149-1880-9
定　價　八〇　元